中国の環境行財政

社会主義市場経済における環境経済学

金 紅実
Kin Kojitsu

昭和堂

はしがき

　環境問題は資本主義市場経済の体制下でも社会主義計画経済の体制下でも高度な経済成長過程で回避できなかった共通の課題となった。そしてそれぞれの課題解決に向けて、自らの特性に即した法体系や政策、制度及びそれに対応した行財政システムを構築した。前者は後者の働きによってはじめてその執行が可能となり、政策目標を実現することができる。本稿はこのような政策執行過程における行財政システムの役割に注目した研究である。

　ここでいう行財政システムは、行政機能と財政機能が表裏一体的な関係にあることからきている。行政は国や政府が策定した政策を執行する主体の一つであり、財政は行政の政策執行力を支える経済的な基盤である。そのような意味で財政の動きは行政の政策執行力を評価するバロメーターの一つともいえる。

　本稿は中国の環境政策の執行体制における行財政システムが、社会主義計画経済体制及び社会主義市場経済体制下でどのような仕組みをもって政策目標を実現し、その結果、どのような政策効果を収めてきたかを考察するのが目的である。社会主義という政治体制の中に市場経済が浸透するにつれて、経済体制や行政制度、財政制度は調整と軌道修正を繰り返してきた。今後もこのような試みがしばらく続くと考えられる。そのため、環境行政や環境財政がもつ機能もその発展段階に応じて絶えず調整が繰り返されるものと予想している。興味深いことは、中国特有の社会主義市場経済、つまり行政システム上はかつての中央集権的な指令システムが維持されつつも、財政システム上は分権的、分散的な特徴がみられる中で、執行された環境政策の政策効果が必ずしも同じ結果では

なかった点である。公害対策では予期した環境目標がなかなか達成しにくい状況にある一方で、砂漠化対策や林業再生事業は大きく進展する成果がみられた。

　環境保護政策が他の経済部門に比べて後発的に発展してきた経緯や国全体の発展戦略における位置づけが低かったことから、国の環境政策の目標や計画を統括する国家環境保護部を頂点とする環境保護行政（本文では環境行政と称する）に、必ずしも国全体の環境政策の内容に見合ったすべての政策権限が帰属されたわけではない。公害の末端処理に対する管理監督機能を除く、砂漠化対策や他の生態環境保全政策、水資源管理など、多くの関連政策の権限が他の経済政策部門に帰属したままである。そのため、本稿で扱っている環境行政という用語と環境行財政という用語については、その含有範囲を一致させることができなかった。したがって、本稿でいう環境行政は国家環境保護部を頂点とする環境保護行政を指しており、環境行財政はそれを含む他の行政の権限帰属となっている環境関連対策を総称的に位置づけた概念である。この点については多くの読者に混乱を与えやすい内容ではあるが、留意していただきたい。

　本稿は、筆者が博士後期課程の時から続けてきた研究テーマの一つである。一部の内容は博士論文をベースに修正をおこなったものである。博士論文を作成する過程では、長期にわたったにもかかわらず恩師の京都大学大学院経済学研究科の植田和弘先生の懇切なご指導をいただいた。その後の研究生活の中では日本国内及び中国国内の共同研究者から多くの共同調査の機会と有意義な助言をいただいた。他にも鳥取大学乾燥地研究センターを含む学内外の研究助成金のおかげで本研究の実地調査を行うことができた。また本書の出版にあたっては龍谷大学出版助成金制度の支援をいただいて実現に至った。この場を借りて心からの謝意を伝える次第である。

　本稿を作成するにあっては、長年にわたる現地調査と共同研究者との

間のディスカッションを重ねてきたつもりである。しかし、調査地が限られていたことや中国国内の制度改革の目覚ましい変化、または環境財政研究の学術的な立場の違いなどから、本稿に収めた論点や事象等に対して食い違いやずれが生じることは否めないと考える。多くの読者の忌憚のない批判とご意見を仰ぐことができれば幸いである。

　何よりも今回の出版は、昭和堂の松井氏の強い熱意と根気強い励ましがなければ実現できなかった。長らく原稿を待ってくださったほか、いつも前向きで的確なアドバイスをいただいた。心からお礼を申し上げる。

　最後になるが、身近で多忙な研究生活を理解し応援し続けてくれている夫の公則と息子の天満に感謝を伝える。

　2016 年 2 月吉日

深草の研究室にて　　金紅実

目次

はしがき …………………………………………………… i

第1章 中国環境行財政システムの課題と本書のねらい……… 1

1.1 政策執行プロセスにおける
環境行財政システム ………………………… 1

1.2 環境問題を解決するための
国家の役割と環境財政 ……………………… 4

1.3 量的経済発展と制度改革による
政策執行力へのインパクト ……………… 6

第2章 中央集権的行財政システム下の環境行財政…………11

はじめに ………………………………………… 11

2.1 中央集権的行財政システム下の
環境行財政の予算・人事権………… 12

2.2 環境予算の意思決定プロセス ………… 16

2.3 公害汚染源対策から
公共投資への転換 ……………………… 23

おわりに ………………………………… 28

第3章 環境財政の概念と中国環境財政 ……………………31

はじめに ……………………………………… 31

3.1 環境財政の概念と定義………………… 32

3.2 中国環境財政の分析範囲 …………… 34

3.3 財政統計からみた
環境財政の支出傾向…………………… 36

3.4 環境関連統計における

環境財政データとその限界 …………… 41

3.5 環境行政の量的発展と環境予算 ……… 44

おわりに ……………………………… 49

第**4**章 環境保護投資における環境財政の位置付け…………51

はじめに ………………………………… 51

4.1 環境統計上の諸経費と

環境保護投資の概念 ……………… 52

4.2 環境保護投資の算定方式 …………… 56

4.3 国家五ヵ年計画における

環境保護投資 ……………………… 60

おわりに ………………………………… 64

第**5**章 汚染源制御における中国的 PPP の意味 ……………65

はじめに ………………………………… 65

5.1 OECD の PPP と中国の PPP ……… 66

5.2 中国的 PPP の適用過程 …………… 69

5.3 中国的 PPP の具体的な実施形式…… 74

5.4 中国的 PPP の実施過程における

問題点 ……………………………… 76

おわりに ………………………………… 83

第**6**章 地方環境行財政システムの政策執行力

浙江省寧波市の事例を中心に ………………………85

はじめに ………………………………… 85

6.1 地方環境行政の事務配分と

財源保障制度 ……………………… 86

目　次　v

6.2 排汚費を財源とする
地方環境行政予算 ……………… 91

6.3 地方環境行政の人員配置と
政策執行力 ……………… 95

6.4 地方汚染源対策における
財政資金の撤退 ……………… 99

おわりに ……………… 102

第7章 移行期公共財政体制下の森林財政 ……………… 103

はじめに ……………… 103

7.1 森林の公益的機能と
公共財としての位置付け ……………… 104

7.2 森林政策における公共投資の役割 ……………… 105

7.3 森林財政の構成内容と分類 ……………… 112

7.4 森林財政の発展とその傾向 ……………… 115

おわりに ……………… 124

第8章 生態公益林補償制度における政府間財政関係 ……… 127

はじめに ……………… 127

8.1 森林公益的機能の日中比較視点 …… 128

8.2 生態公益林補償制度の発展と
森林財政 ……………… 131

8.3 国家生態公益林制度と
資金メカニズム ……………… 139

8.4 地方生態公益林制度の実態と資金メカニズム
——江西省の事例から ……………… 145

おわりに ……………… 150

第9章 国家林業重点プロジェクトにおける政府間財政関係 ……… 151

はじめに ……………………… 151

9.1 森林投資における公共支出の傾向 …152

9.2 森林保全政策への転換と国家林業重点プロジェクト ………… 152

9.3 国家林業重点プロジェクトにおける政府間の財政関係 ……………… 161

おわりに ……………………… 175

第10章 小流域開発問題と社会的共通資本

陝西省紅碱淖の縮小問題から ……………… 177

はじめに ……………………… 177

10.1 閉鎖水域の資源開発とローカル・コモンズ論 ……………… 178

10.2 紅碱淖の豊かな自然環境 ……………… 180

10.3 国土資源管理体制下の紅碱淖湿地の異変 ……………… 182

10.4 紅碱淖湿地の水域減少の要因 ……… 186

10.5 湖の土地所有権と利用権をめぐる地域間の対立 ……………… 188

10.6 炭鉱開発事業による潜在的な危機 …189

おわりに ……………………… 191

参考文献 ……………………… 193

索　引 ……………………… 199

第1章

中国環境行財政システムの課題と
本書のねらい

1.1 政策執行プロセスにおける環境行財政システム

　環境経済学では，環境問題が発生する原因を「市場の失敗」，つまり市場取引の外枠で発生する外部不経済として把握する。これは資本主義市場経済を想定した理論であるが，実際には，環境問題は資本主義市場経済とは体制を異にする社会主義計画経済でも同様に直面する政策課題である。

　計画的な合理性をもつはずの社会主義経済体制における資源配分機能が，なぜ環境問題を引き起こしてしまうのか。王金南（1997）は，中国において環境問題が発生する要因を分析した際に，「計画の失敗」に起因するものとして捉えた。また，都留重人は，旧ソビエト社会主義共和国連邦の深刻な環境問題を取り上げ，「理論的には，『科学的計画化が示す優先順位』によって必要な措置をいつでも取れるということがあるかもしれないが，現実には生産拡大の計画も環境保護計画もいずれもが同じ中央計画当局の評量決定下にあるという事実そのものが，問題を政府内の部局間の力関係のそれにしてしまったことから，生産第一主義に対する批判の声が公のものになりにくいようである」と指摘した（都留重

1

人 1972）。つまり，本来は計画の機能として環境問題への適切な措置を採りうる体制にあるにもかかわらず，体制内部の生産第一主義という計画の失敗によって，是正機能を果たしていないという主張である。結論として，公害は資本主義体制の固有の現象ではなく，社会主義計画経済でも発生する問題として把握できる。

　植田和弘（2002）によって指摘されたように，環境行財政システムはこのような環境問題に対処し，環境保全を行うために制定された法制度や政策を執行するための不可欠な存在であり，行財政システムのバックアップがあって初めて環境政策の執行が可能となる。

　資本主義市場経済では，政府や財政の役割は「市場の失敗」の補完機能として位置付けられ，市場機能によって供給されない，または供給が不足しがちな公共的領域の財やサービスを提供する役割を果たす。それに対して，社会主義計画経済の場合にはそれとは異なる機能をもつ。つまり，社会主義計画経済における社会的資源配分は中央集権的な計画によってなされ，行財政システムはその計画を執行するための手段やルートに過ぎず，「計画の失敗」が存在する場合であっても，市場経済体制下の公共財政のような「市場の失敗」への補完機能にあたる「計画の失敗」に対する補完機能をもたない。そのため，国の発展計画の失敗が生じた際には，財政機能または他の公的機能による補完がなされない可能性が高い。その結果，国による開発計画がいったん進められると，それに伴う環境破壊も一気に進んでしまう可能性すら存在する。

　中国の環境行財政システムは，上で述べた理論上の傾向に加えて，それが初めて整備されたのが1970年代初期の政治動乱の真最中の状況であったことを考慮に入れなければならない。中国は1970年代後半に経済の対外開放政策を実施し，従来の計画経済体制内に市場競争原理を導入したが，それ以前の時代においては環境政策を執行する補完的システムとしてその機能をほとんど果たせなかったと考えられる。1980年代以降，計画経済体制内の市場機能的要素が拡大する中で，それに対応し

た形で環境行財政システムも機能面において変化がみられ始めた。中国経済のダイナミックな変化過程の中で，環境行政システムも漸次的な拡充を図られながら，企業経営ルートを通じた環境制御措置から公共的領域における補完機能の発揮へと，段階的にシフトしてきた。

したがって，中国環境政策の執行過程において環境行財政システムが果たした役割を分析し理解するためには，一方では資本主義市場経済体制で捉えるべき「市場の失敗」への補完的機能を念頭におく必要がある。同時に，計画経済体制下の「計画の失敗」に対する補完機能の不在から，中国固有の中央集権的な指令型の計画経済体制を前提として成り立つ市場の社会的資源配分過程で起こりうる「市場の失敗」に対して，新たな補完機能を構築していく過程として捉える必要性がある。

中国の環境行財政システムを捉える際には，計画経済体制下の国の経営的な経済活動と財政機能が一体的に働く状況から，市場機能と行財政機能が次第に区分・分離され，財政の「公共的」役割も全面的な財・サービスの供給機能から次第に撤退し，供給範囲を「市場の失敗」への補完機能として縮小し，特化していく過程，またはシフトするプロセスを捉えることが重要となってくる。

中国環境政策の執行過程における諸問題を研究課題とした先行研究では，異なる専門領域からのアプローチがあった。エリザベス・エコノミー（2005）は，国際政治学の視点から，地方の環境対策がうまく執行されない要因を開発経済の誤りや地方政府と企業癒着などの制度的問題に着目した。そして，政策執行の新たな担い手として社会機能の育成や市民の政策過程へのアクセスなどを課題解決の手段として訴えた。平野孝（2005）および北川秀樹（2008）は，環境法政策の視点から，地方政府による地方保護主義や開発優先主義，環境司法の機能不全，地方幹部の人事任命制度などの側面から，政策執行過程における紛争の多発や公害が制御不能となる根源的要因を解明し，地方における環境ガバナンスの実現手段を模索しようとした。これに対して本稿は，財政学の視点か

ら，計画経済体制から社会主義混合型の市場経済体制へのダイナミックな変化の中で，それに連動して行われてきた環境行財政システムの形成およびその発展の過程を考察し，異なる改革段階の政策執行過程で果たされた機能や役割を分析することを研究課題とする。

1.2　環境問題を解決するための国家の役割と環境財政

「環境財政」という用語は比較的に新しい用語であり，理論的な研究や分析評価の枠組みを含めて学術上の位置付けが明瞭ではない。しかし，従来の財政学の分野では，環境政策や環境関連支出に関連するいくつかの研究成果が見られる。R・A・マスグレイブ（Richard Abel Musgrave）（マスグレイブ 1983）は，公共財政の三つの機能，つまり①資源配分機能，②所得再分配機能，③経済の安定成長機能を定式化した際に，資源配分機能の中で大気浄化措置や下水道サービスの供給を例に取り上げ，環境政策関連の公共支出について明示した。その後，環境問題が地球的規模に広がり，深刻化するとともに政策上の重要度が増すにつれて，財政支出における環境政策の位置付けもより重要視されることとなった。重森暁（2008）は，現代財政におけるマスグレイブの三機能説の規範的な有効性を評価しつつも，現代社会の社会的，経済的，政治的構造の大きな変化の中で三機能説では説明がつかない財政現象が数多く発生していると指摘した上で，現代財政の機能を四つの機能に再定義した。すなわち，①生活保障機能，②資本蓄積機能，③環境維持機能，④体制維持機能に分類した。環境維持機能を単独の項目として取り上げ，機能説の一機能項目に位置付けたのである。内山昭（2008）も，マスグレイブの三機能説について再検討を行った上で，「環境保全（広狭の地域的および地球レベルの）」と「権力措置の維持」という機能を加えることで，①資源配分の調整機能，②所得と富の再分配機能，③経済の安定化機能，④環境保全機能，⑤権力措置の維持機能，の五つの機能説を提起

した。植田和弘（1998）は，公共部門の役割と経費の議論の中で，経費は公共部門の経済活動を反映し，①人間発達のための条件を作り出すために必要なインフラストクチャーの整備，②社会内の諸階級・諸階層の利害対立を調整し，社会秩序の確立のための体制維持，③人間活動をエコロジーに調和させ，自然と人間の共生という課題，の三つの側面から現代社会における公共部門の活動，および経費の重要な役割を指摘した。その上で，環境問題と公共政策の関係性を論じた際に，環境制御は一過性の問題ではなく，人間の生存を確保し発達条件を整備していく上で不可欠の公共政策上の主要課題として，行財政システムの中に明確に位置付けられてきたとした。

これらの議論は，「環境財政」という用語を用いて真正面からまたは体系的な検討は行っていないものの，従来の財政学の経費論や公共政策，および財政機能論の側面から，公共部門における環境政策の正当性や環境支出に対する理論上の妥当性を提示した議論である。

神野直彦（1995）は，中国の環境財政のあり方に注目し，日本の環境予算の仕組みや中国の地方環境財政の事例研究を行う際に，必ずしも定着したコンセプトではないとしながらも，環境財政の概念の必要性を提起し，「環境保全を政策課題とする環境政策のための財政」（神野直彦1995）であると定義した。そして植田和弘は，日本，韓国，台湾，中国など東アジア諸国の環境財政の現状と特徴を検討する中で，神野の定義を踏まえた上で，「神野定義の上に，開発財政による環境へのマイナス的政策効果を算定すべきである」（植田和弘ら2009）と提案した。

これまでの中国国内の研究の中では，環境財政や環境行財政システムの仕組みや理論的枠組み，公共的役割などについて具体的に取り扱った文献は見当たらない。ただ，環境行政の問題や環境対策に必要な資金調達，公共部門の環境管理問題などの側面から検討を行ったいくつかの研究がある。曲格平（1989：2007）は，中国環境行政の形成から発展段階に至るまで直接に関わった人物として，環境行政システムのあり方や

環境政策計画の国家経済社会発展五ヵ年計画への統合の重要性やその
あり方について具体的かつ的確なビジョンを示し，その後の環境行財
政システムを構築する上で基礎を築いた。張坤民（1992；1994；2004）
は，環境行政の実務的経験をもとに，1980年代から行われた国による
環境投資とその重要性，そして環境投資と環境統計の関係性，環境行政
管理システムの運営に関わる重要な示唆と分析結果を示した。王金南等
（2003），安樹民ら（2003）は，国家財政の役割を含む環境保護投資の傾
向と現状に対する分析結果を示した。李志東（1999）は，中国の環境法
政策体系の形成過程を整理し，行政管理システムのあり方に言及すると
ともに，政策的発展とその背景を把握する上で多くの示唆を示した。

　本稿は，このような先行研究の成果と到達点を踏まえ，中国の環境行
財政システムを素材に，環境政策の執行過程における公共財政の果たす
べき役割や公共支出における環境財政の位置付けを明らかにし，理論的
枠組みの確立を試みる。分析の過程においては，神野の定義および植田
の定義を基本的な分析枠組みとし，中国の実態調査や統計データおよび
関連文献のサーベイをベースに実証分析を行う。

　財政システムは財政収入と財政支出から構成されており，財政システ
ムの全体像を把握し分析するためには，歳入と支出の両面に焦点を当て
る必要がある。本稿は，その中の環境財政の支出部分に焦点を絞って，
環境行財政システムの発展過程における環境予算の形成および財政資源
の配分傾向や，政策執行力との関係性や問題点について考察を行う。

1.3　量的経済発展と制度改革による
　　政策執行力へのインパクト

　中国の環境問題は，急速な経済発展のプロセスに伴って顕在化してき
た。そのため，環境行財政システムの研究においても，鄧小平氏に代表
される社会主義市場経済理論の導入と実践過程のダイナミックな変化を

無視してはならない。中国独自の社会主義市場経済理論は，中国固有の
社会主義政治経済体制を前提に，その制度的大枠の中に資本主義市場経
済理論を複合的に導入した，世界的にも類をみない混合型経済体制とい
える。この理論の本質的内容が「資本主義」を指すのか，それとも「社
会主義」を指すのかについては，中国国内外の多くの政治経済学者の中
で議論されてきた（呉敬璉 1995）。本稿で注目したい点は，この理論の
本質そのものではなく，環境政策の執行過程と環境行財政システムに対
して，この理論がどのような影響をもたらしてきたのかという点である。
その中でも「先富論」や「生産力の優先的発展論」（渡辺利夫 1994）の
実践が，環境政策の執行過程に与えた影響は大きい。

　概ね以下の三つの面からこの影響を総括することができる。

　まずは，経済発展と環境保全政策のバランスである。当初の社会主義
市場経済理論が重視したのは GDP 重視型の社会経済発展の量的成長で
あり，環境保全や国民福祉，発展機会の均等化を同時に位置付けた質的
成長モデルではなかった。そのために，この間に比較的先進的な環境法
体系が形成され，政策執行を支える環境行財政システムが構築されたに
もかかわらず，実質上はスローガン的な意味合いが大きく，実行力の乏
しい現状が続いた（汪勁 2010）。2003 年以降，胡錦涛政権によって打ち
出された「科学的発展観」は，従来の発展戦略の大幅な軌道修正として
導入されたコンセプトであり，環境政策を強化し，国の公共支出におけ
る環境予算を継続的に大幅に増加させる局面が現れ始めた。しかし，長
年にわたって定着してきた GDP 至上主義や公共財政の諸改革が未だに
途中にあることから，調和のとれた発展モデルが実現されるには長い道
のりが残っていると言わざるをえない。

　次に留意しておきたい点は，社会主義市場経済理論の実践に伴う政府
および財政機能の転換である。非国有セクターの急成長によって，国有
企業の市場競争力に対する圧迫が次第に強化され，やがて国有企業も国
の行財政システムから離脱し，民営化の道へ進むようになった。その結

果，政府および財政機能が，それまでの国の厳格な統制下にあった計画的な資源配分機能，つまり国有企業経営を通じた経営的機能から，競争的領域の資源配分を市場機能に委ね，「市場の失敗」の補完を目的とする公共領域へと機能の転換を行った。このような公共財政の機能転換は，それに連動する環境行財政システムに対しても機能面の変化をもたらした。

　最後に留意しておきたい点は，社会主義市場経済理論の政府間行財政関係への影響である。上述したような政府および国家財政の公共的機能の転換は，あくまでも従来の政府間の行財政システムを維持する前提で行われた。つまり，市場経済化はあくまでも計画経済体制の伝統的な集権的行財政システムを前提に，その大枠の中で導入されたのである。そのために，政策事務の負担ルールや財源配分は，指令型行財政体制の特徴が色濃く残される形となった。環境政策の場合，地方政府自らが策定する政策よりも，むしろ国が策定し地方が執行するケースが多い。そのため，地方の経済優先主義や地方保護主義といった要素が制約的に作用し，政策執行を妨げる働きをすると考えられる。

　本稿は，環境行財政システムの形成および発展過程を分析対象とするため，上記の制度的枠組みの分析を研究対象としていないが，国の諸制度改革からの影響を念頭におきながら分析を行った。

　現行の中国行財政制度上の諸制約によって，本稿で取り扱う環境行政と環境財政の分析範疇を同一範囲に設定することに一定の困難があった。そのため，「環境行政」については国家環境保護部を頂点として全国の地方政府に設置された環境保護部門をその対象範囲とする。「環境財政」の対象範囲は，国家発展改革委員会と国家財政部を頂点とする林業，農業，国土資源など各政策執行部門を含む範囲で取り扱う。「環境行財政システム」は，後者の組織主体をベースに考える。つまり，「環境行政」より広い範囲で捉える。

　第2章では，中国環境行財政システムの形成過程を整理した。環境予算の仕組みと特徴を分析し，社会主義市場経済の進展に伴って公共機能

への転換が図られていく中で，依然として中央集権的な財政資源の配分システムが強く働くことを明らかにした。その中で，国の公害対策は，地方政府の経済発展ノルマや地方保護主義などの要因によって，国の政策との間で離齬が発生しやすく，政策コントロールがうまくいかない仕組みを明らかにした。他方で，政府機能や財政機能が市場経済に対応した補完機能へ転換したことが森林政策の執行のために積極的な要素として働いたことを明らかにした。第3章では，「環境財政」の概念と定義を整理し，それをもとに理論的な分析枠組みを拡張したほか，その分析枠組みの中で中国の財政制度や統計制度の現状を整理し，中国環境財政の特徴と傾向を抽出した。第4章では，特に中国環境政策研究の中で混乱しやすい，環境財政と環境保護投資の概念について明確な定義を行い，その上で工業汚染源対策について検討を行った。市場経済の進展に伴って環境保護投資財源がどのように多元的に発展してきたか，その発展過程を考察した。その結果，環境保護投資の発展に伴って，環境保護投資資金における財政資金の割合が持続的に減少していく傾向を捉えた。第5章では，汚染源制御手段の一つとして1970年代の早い時期から導入された汚染者負担原則（Polluter Pays Principle：PPP）の適用過程について考察を行った。OECDが提起したPPPの理念を基準に，日本的PPPと中国的PPPの比較分析を行った。さらに，資本主義市場経済体制を前提に提起されたPPPが，導入された当時の社会主義計画経済体制の下では国と国営企業の行財政的な一体的構造の中で，実質的な汚染制御機能を果たすことができず，制度上の欠陥を抱えた制御手段であったことを明らかにした。第6章は，浙江省寧波市を事例に地方環境行政の政策執行力が，地方の課題解決のために組織編制されたのではなく，中央環境行政の政策指令を遂行する受け皿として位置付け，地方政府による人事権・予算権のコントロールによって，地方政府や地方経済開発行為への監督機能がうまくできない構造上の問題を浮き彫りにした。社会主義市場経済が浸透するにつれて，行財政面の政府機能が補完機能として

力を発揮し始めた。

　第7章では，それを裏付けるかのように林業政策では木材生産を目的とする林業経済から徐々に脱却し，森林の多面的機能の回復や保全のために，政策展開が発展的に拡げられている実態を森林財政の政策対象や事業範囲，公共投資規模およびその傾向から明らかにしている。第8章は，日本の安保林制度に該当する公益林補償制度を取り上げ，国の公益林指定の仕組みや地方の公益林指定の仕組みを明らかにし，国と地方の事務権限をめぐる役割分担を明らかにした。第9章は，全国植林事業の植林面積および投資規模の6割を占める国の六大林業重点プロジェクトを取り上げて，植林政策における国と地方の事務権限と財源配分をめぐる責任分担構造を整理した。国民の関心度が最も高い砂漠化対策や三大河川の源流における土壌流出防止対策，および大規模の洪水防止などの課題を国家の一大事として位置付け，国が率先して取り組み，地方への財源移転を政治的ノルマとセットした形で政策執行を求める仕組みが明らかになった。第10章は，社会的共通資本の視点から，陝西省紅碱淖の流域開発による水域縮小問題がもたらす生態環境への悪影響を明らかにし，中央集権的な国土開発の計画失敗の結果として引き起こされる地域自然資源の破壊過程とその主たる原因を究明した。

第**2**章

中央集権的行財政システム下の
環境行財政

はじめに

　環境保全のために制定された法は，それを執行する行政機構，司法制度およびそれを支える行財政システムが確立されて初めて機能する（植田和弘 2002）。中国では 1970 年代後半からさまざまな環境関連法の整備に着手し，1990 年代全般および 2000 年以降にかけて量的質的な発展を遂げた。そのため，途上国の環境法体系としては先進性すらもつようになったと評価されている（李志東 1999：勝原健 2001）。これらの法体系を執行し運営するために，1970 年代初期ごろから環境行財政システムが整備され始め，1990 年代初期にはほぼ全国を網羅する環境行財政システムが構築された。しかし，高度な経済成長を伴う公害問題は悪化の一途を辿っており，予期した政策目標をなかなか達成できずにいる。

　本章では，環境行財政システムの形成と発展過程を振り返り，その執行力を支える環境予算の形成および執行過程を分析し，特徴と問題点を整理する。また，環境政策の執行過程における開発財政と環境財政の配分バランスの問題や財源調達のルート，政府間資金配分なども念頭に置きながら，環境行財政システムの発展過程および運営の特徴に注目し，

11

分析を行う。なお，環境財政の範疇は，国家環境保護五ヵ年計画で掲げてきた政策内容とそのために直接的に支出された財政資金を対象とする。

2.1 中央集権的行財政システム下の 環境行財政の予算・人事権

2.1.1 環境保護行財政システムの接合仕組み

中国では1974年に国務院環境保護指導者グループが設置されるが，これが中国初の環境行政機構である。しかし，これは予算権と人事権を付与された正式な行政組織ではなく，臨時的に設立された機構だった。1982年に行われた行政機構改革の中で，都市農村建設環境保護部の管轄下に環境保護局が設置されたが，これが初めての正式な行政組織である。1988年の行政機構改革では，環境保護局が都市農村建設環境保護部から分離し，国務院の独立機構として昇格した。

これをきっかけに，それまでは一部の地方で設置された環境行政機構を，全国規模で本格的に整備し始めた。そして，1998年の行政改革および2008年の行政改革で行政地位の向上を図った。それに伴って地方の環境行政組織を拡大し強化してきた。

このような行政機構ネットワークは，図2.1で示すように，既存の行政システムへ統合する形式で実現した。

計画経済体制下ですでに運営されていた既存行政システムは，中央集権的な指令型のシステムであり，政府間の指令伝達ルートを中心に，国務院の複数の政策部門による部門間の指令伝達ルートが並行する特徴をもつ。環境保護行政部門は部門間指令伝達システムとして既存の縦割りシステムの中に増設された。

このような統合方式は，以下のようなメリットとデメリットがある。まずメリットとして挙げられるのは，新規創設コストを節約することができる点である。人材調達や運営ノウハウを既存システムから調達す

12

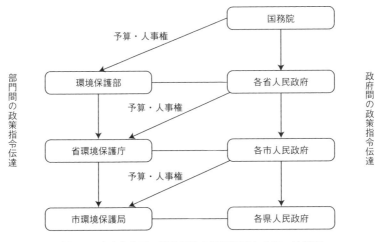

図2.1 中央主権下の環境事務の伝達経路と人事・予算権

注1：筆者作成。
注2：中央集権的システムの下で，国の政策指令は「政府間の政策指令」と「部門間の政策指令」の二つのルートで地方政府と地方政策部門に伝達される。「部門間の政策指令」は部門の政策に特化した内容であるため，政府が打ち出す政策全体における位置付けを正しく反映するものではない。特に環境政策部門ではこのような傾向が顕著に表れている。地方政府の高層幹部の人事権は中央政府およびその上級政府が有する。地方政策部門の人事権および予算権は，政策指令を発令する中央や上級政府の政策担当部門ではなく，所属される地方政府に属される。そのため，国の政策方針が地方政府の利益と相反する場合，地方政策部門は地方政府の人事権や予算権の制約を受け，執行できない場合が生じる。

ることが可能である。より大切な点は，既存システムに統合することで，国の政策全体の中で環境政策の計画と執行を設計することができることである。しかし，それと同時に以下の問題点を抱えていた。

　第一に，政府間の環境事務権限と資金配分の問題である。環境事務は中央政府が制定し，その内容を地方政府に伝達し執行させる特徴をもつ。しかし他方では，地方環境行政の予算権と人事権は地方政府にある。そもそも事務権限と予算権限の間に乖離が発生しやすい構造である。特に地方環境事務は，地方政府の開発行為や地方政府の政策部門が管轄する国有企業の汚染排出行為を主な管理対象としているが，地方財政の予算権や地方政府の人事権のコントロールの下で，中央の事務指令を執行するには構造的な限界があったと考えられる。それに加えて，環境行政の

設立が他の政策部門に比べて後発であり，長期にわたって中央の環境行政の地位が低かった。それゆえ，それに対応して整備された地方環境行政の行政的地位も相対的に低く，他の政策部門への発言権が弱かった。

　第二に挙げられるのは，政府間の指令伝達システムにおける環境政策の位置付けである。地方の環境事務を含む諸政策の執行内容は，政府間の事務指令によって伝達される。その場合に，国の発展政策の中で環境政策を重視する度合いが大きく影響する。環境行政の事務指令の中で環境政策執行が最優先される課題だとしても，国全体の発展政策の中でその位置付けが低ければ，地方政府は当然ながら他の政策執行を優先することになる。1980年代および1990年代にかけて，地方政府と地方財政の自主権限が拡大する中で，中央政策に対する地方保護主義の傾向についても多くの指摘がある。しかし他方で，国の発展戦略そのものが地方政府の環境政策の執行過程で逃げ道を作らせる場面があると指摘しなければならない。その結果，環境政策が叫ばれる中で，1980年代は貧困解消政策が，1990年代はGDPの成長が環境政策に優先して執行されたと考えられる。2002年以降の「科学的発展観」や「調和の取れた社会」の提起により，国の発展戦略における環境政策の位置付けが大きく向上し，それに伴って地方政府の環境政策への重視度合いが変化し始めた[1]。

　第三に指摘できる点は，地方環境行政予算の財源を，地方政府が徴収する排汚費に委ねてきた問題である。1982年に排汚費徴収制度を導入した当時，国全体の財政難を背景に，新規創設される地方環境行政の組織予算を排汚費から調達すると取り決めた。当時は暫定的な措置として考えていたが，その後長期にわたって地方政府の他の政策部門と同じく一般予算化を実現することができなかった。2003年の排汚費徴収制度の改正では，行政経費の財源措置を削除し，環境行政予算の一般財源化を明記した。しかし，2008年の寧波市および2009年の大連市の環境行

1　2008年3月の寧波市の調査で確認した。

政関係者へのインタビューでは，予算制度の建前上は一般財源化されているものの，実際の予算枠は依然として排汚費の徴収額によって決まるという実態を確認した。排汚費は汚染状況が改善されるほど徴収規模が減少する性格をもつため，財源安定性の要求からして行政予算財源としては不適切な側面がある。当然のことながら，このような財源構造は地方環境行政の能力や規模の拡大に支障をもたらしてきた。

2.1.2　環境政策の国家発展計画への統合

2009 年 3 月に行った環境政策の第一人者，初代の環境大臣である曲格平氏へのインタビューの中で，曲氏は 1990 年代における環境行政の最大の成果の一つとして，環境保護五ヵ年計画を国の経済社会発展五ヵ年計画に統合したことを挙げている。

1970 年代の後半および 1980 年代を通じて，当時の環境行政は環境政策計画を策定してきたが，これは環境行政内の計画に過ぎなかった。環境政策計画が国の経済社会発展五ヵ年計画の下で正式に策定されるようになったのは，国家第 8 次五ヵ年発展計画（1991 ～ 1995）からである。

曲氏（1989）は，環境政策計画を国の経済社会発展五ヵ年計画に統合する必要性について，中国は 1973 年に開かれた第 1 次全国環境保護会議で，国の発展計画の一要素として環境政策を位置付け，全国民が協力して取り組むべきことを取り決め，1974 年には「5 年で環境汚染を制御し，10 年で基本制御を実現する」という政策目標を打ち出したと述べている。これは当時の先進国の公害克服の経験から学び，打ち出した目標であるが，目標からすると 1985 年頃には汚染コントロールを達成すべきことになる。しかし，周知のとおり，この目標は達成できず，1980年代に入り汚染状況はさらなる広がりをみせた。

曲氏（1989）は，この目標を実現できなかった原因について，当時の技術的な制約や国の財政難の問題を挙げながらも，最大の要因を環境政策計画と国の経済社会発展計画との乖離にあると指摘した。曲氏の考え

第 2 章　中央集権的行財政システム下の環境行財政　　15

方はその後の中国の環境政策および環境行政の基本指針となって発展していくことになるが，1990年以降に始まる本格的な環境行政システムの整備事業では，この指針どおりに実現されるようになる。

環境政策計画を国の経済社会発展計画に統合させることには以下のメリットが挙げられる。

まずは，国の全体の発展計画の中で，環境保全と発展政策のバランスをとることができる。そして国全体の発展計画の下で策定される各政策部門の発展計画の中に，環境政策を位置付けることができる。次に，環境政策を国の発展政策に統合することによって，国全体の発展資金の配分システムと接合させ，その中から環境予算を計画的に確保することができる。

しかし，このように政策計画の統合によるメリットがあるにもかかわらず，環境予算のための資金は十分に調達できず，環境計画目標が達成できずに今日に至った。その原因については，次節以降で述べるように，国全体の発展政策における環境政策の位置付けのほか，予算制度や予算執行システムにおける環境行財政の機能と地位の問題がある。

2.2　環境予算の意思決定プロセス

2.2.1　政府間同一形式の予算編成プロセス

環境政策を執行するためには，それに要する資金を調達しなければならない。環境予算制度はこのような国の政策執行を支える財政面の環境事業資金運用システムである。1973年に計画経済体制の下で環境行政がスタートして以来，国家財政は環境保護投資事業に深く関わってきた。特に第8次経済社会発展五ヵ年計画期間(1991〜1995)から環境保護五ヵ年計画が正式に組み入れられ，国全体の経済社会政策の一項目として国家財政の統括的な資金配分計画に組み込まれるようになった。制度運営の未熟さや資金規模の十分さなどの問題を抱えながらも，環境政策計画

が経済社会発展計画に統合されることは，環境行政組織の政策としてではなく，国レベルの政策として位置付けを高め，政策執行の確実性を財政資金の配分計画から取りつけるという意味がある。他方でこのような仕組みは，国全体の社会経済政策における環境政策の位置付けによって環境予算への資金配分が左右されることを意味する。

図2.2は，このような内容を背景とした環境予算の形成過程を示している。まず，国の中期発展戦略を示す国民経済社会発展五ヵ年計画が国

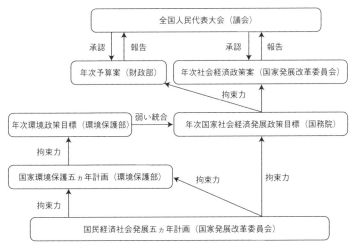

図2.2　環境予算形成プロセス

注1：筆者作成。
注2：「弱い統合」は，財政予算配分過程における環境予算への配慮度合いを示す。環境保護部が策定する「国家環境保護五ヵ年計画」は，国家発展改革委員会が制定した「国民経済社会発展五ヵ年計画」という国の発展計画に基づいて策定されるものの，政策目標にかかる必要な資金面の担保は，環境保護部による予算申請の形式ではなく，国家発展改革委員会と財政部によって行われる国の財政事情や総合的な発展戦略における政策的優先順位によって決定される。このような予算配分システムは，必ずしも「国家環境保護九ヵ年計画」の政策執行を担保する内容とは限らない。したがって，環境政策の計画と設計は，国の予算配分システムによる確実な資金担保を背景にするとは限らない。
注3：「拘束力」は，国家環境保護五ヵ年計画と財政資金配分への枠組み上の制約要素を指す。環境政策の立案と計画，予算配分の意思決定は，国の基本的な発展戦略を示す「国家経済社会発展五ヵ年計画」の枠組みに沿って行わなければならない。したがって，年次政策はそれぞれの時期の国の経済社会発展五ヵ年計画の枠組み上の制約範囲内で行われる。

務院の国家発展改革委員会によって制定される。この総括的な発展計画に盛り込まれた内容と目標に基づいて，中央各行政組織および地方各級政府がより具体的な実行性を盛り込んだ五ヵ年発展計画を策定するが，その中の一つが環境保護部によって策定される国家環境保護五ヵ年計画である。さらに，この国家環境保護五ヵ年計画に基づいて環境保護部は年次環境政策目標を年次政策報告の形式で策定し公表する。国務院は，政府を代表してすでに公表された国民経済社会発展五ヵ年計画に基づいて，年次政府政策目標を政府政策報告の形式で全国人民代表大会に報告し，国民に対して公表を行う。財政部は，この政府報告書の内容に基づいて年次財政予算案および前年度財政決算案を，国家発展改革委員会は年次政策案を作成して，それぞれ全国人民代表大会で報告を行う。全国人民代表大会の審査・承認を得た予算案を基礎に，財政部は配分原則に基づいて資金配分を行う。この際の予算配分は，まずは国の重点政策の予算枠を優先的に確定し，その次に国の特定政策の予算枠を確定し，最後にその他の予算枠を確定するという順番で行う（財政部予算司 2007）。この場合の第一と第二の優先順位となる国の重点政策および特定政策の予算枠は，財政部の裁量権ではなく，国家発展改革委員会によって決められ，財政部にその内容を通達する仕組みとなっている。行政一般予算を含むその他の予算については，財政部が取り決めることになる[2]。

　明らかに，このような予算配分の仕組みの中で環境政策が予定目標を実現するためには，国の重点政策または特定政策として位置付けられることが重要である。政策目標または政策計画は執行するために策定されるが，中国では努力目標的要素が多い場合がある。また，このような政策執行任務は各政府組織および各級政府の事務権限として伝達されながらも，その執行事務を支えるべき財源が必ずしも同時にセットされると

2　2008 年 12 月 19 日，環境保護部企画財務司予算処に対して予算配分に関するセクター間の役割分担についてインタビューを行った。

は限らない。計画経済体制の下では，政府が国民経済生活のすべての領域に対して統制を行い，この全領域への公共的サービスを実現するには高度な社会主義物質文明が条件となるため，国の発展計画は常に厳しい財政資金の物理的限界に直面し，政策の優先順位を決めざるをえなかった。そして移行期経済体制の今日においても依然としてこのような仕組みが継承されている。環境財政の場合，このような歴史的な財政事情のほかに，環境保護部の環境政策計画が財政部および国家発展改革委員会の予算策定過程に強く統合されるとは限らない。環境保護部が策定するすべての政策計画が予算案に反映されるのではない。曲格平，張坤民両氏はインタビューの中で，在職中の1990年代全体を通して環境行政は環境政策の強化を行うために教育と宣伝を主な手段として採ってきたと答えている[3]。これは確実な資金面の保障システムよりも，むしろキャンペーン型もしくは政府指令型の手法で政策執行を進めてきたことをうかがわせる。

　中国環境行政の35年の歴史の中で，2007年以前は国の財政予算項目の中に「環境予算」項目が存在しなかった。これは環境予算制度の問題というより，国の財政制度に要因があると指摘すべきである。具体的には長期にわたって中央および地方政府の組織予算制度を健全化してこなかったことや，環境関連事業の財政資金が「基本建設支出」項目から支出されてきた点を指摘することができる。政府の組織予算制度の不十分さゆえに，長期にわたって環境保護部および地方環境行政の組織予算は正式に公表されず，予算規模や支出項目が明らかではなかった。また「基本建設支出」項目は国のさまざまな投資事業，すなわち①競争的投資，②インフラ，③公益事業投資，の三つの投資資金がトータルで計上されてきた（包麗萍等 2000）。そのために集計された数値の細分化がで

3　2009年3月23日，北京の中華環境保護基金会の会議室で，曲格平および
　　張坤民の両氏にインタビューを行った。

きず，環境関連の投資事業が行われた場合でも，財政統計上はそれを反映することができなかった。

したがって，長年の政府の環境関連投資事業は財政統計からではなく，各政策担当部門の統計に分散的に集計されてきた。林業部門の生態環境保全関連投資は林業部の「重点プロジェクト」投資項目に，汚染源対策は環境保護部の環境統計に，都市環境インフラは都市建設部門の都市建設統計に，農業，水利部門の環境事業は，それぞれの投資項目に集計されてきた。林業統計と環境統計を除けば，環境事業の財政支出と非財政支出の区分をしていないため，財政資金の寄与度を正確に把握することができない。

2007年から中央および地方財政の予算項目の中に「環境支出」項目が設けられたが，支出項目の定義が明らかとはいえず，構成内容と各資金規模が明確に示されていない。また，各組織統計における環境関連統計数値の離齬の発生問題や行政経費の有無など不明瞭な点が多く取り残されている。

このような予算形成プロセスは，北京市や大連市の予算案事例を調べた結果，地方財政も中央財政とほぼ同様な仕組みであることが分かった。中国の地方財政は地方自治制度を前提とする地方財政ではなく，中央集権的システムの下で国の政策執行機関として機能する側面が大きく，中央財政の機能に対応してシステム作りをしている。

環境保護部は国の環境政策計画や政策目標を策定し伝達する役割を果たしているが，環境予算の配分過程や予算執行過程への介入度が低い。

4　北京市および大連市人民政府の公開HPから，予算案の情報をはじめ，制度改革の動向を確認することができる。

北京市財政局 http://zhengwu.beijing.gov.cn/zjgl/czzx/ （2013年3月18日アクセス）

大連市財政局 http://zwgk.dl.gov.cn/dpt.jse?dpt=110&acode=2 （2013年3月18日アクセス）

全国人民代表大会の承認を経た予算案に基づいて財政部が直接に関連政策部門に対して資金配分を行い，各政策担当部門によって執行される。現段階の制度では財政部と環境保護部による執行過程への監視監督システムが制度改革の途中にあるため，予算執行の効果に対する評価システムがうまく機能していない場合がある。

2.2.2 環境事務における縦割り行財政システム

現行の統計制度では，中央および地方財政の統括的な環境支出関連資料が見当たらないが，各関係組織の年鑑や統計から予算執行担当組織の環境事務を整理すると，以下のとおりである。

表2.1に示すように，事務は概ね七つの組織に分散されている。包括する政策内容は，林業，農業，水利部門の生態環境保全関連事業，都市環境インフラ事業，企業対象の汚染源対策，国の省エネや循環経済，地球温暖化対策，そして汚染源のモニタリング事業などに分けられる。その特徴は以下のとおりである。

第一に，環境保護行政の中央組織は中央財政の一般予算から支出されており，地方組織では建前上は各級地方財政の一般予算から支出される

表2.1　縦割り行財政システム下の環境事務分断

組織名	環境業務
林業部	十大林業生態事業，全国生態環境重点事業，天然林保護育成，退耕還林，北京天津風砂源対策，野生動植物保護，自然保護区建設，湿地保護
農業部	生態農業普及，退耕還林，退耕還草，退耕還湖，水源地保護，土壌流出防止
水利部	水源地保護，流域土壌流出防止，流域汚染対策
発展改革委員会または経済委員会	省エネ，循環経済，地球温暖化対策
都市住宅建設部	都市環境インフラ（集中熱供給，集中ガス供給　園林緑化，下水処理，廃棄物処理）
環境保護部	すべての環境政策の立案・計画，汚染源のモニタリングと取締り，核廃棄物管理
商業部（過去の各産業担当部門）	国有企業の基本建設，技術更新事業（汚染源対策）

出所：中国林業年鑑，中国水利年鑑，中国農業年鑑，中国環境年鑑の各年度版に基づき筆者作成。

ことになっているが，実質上は地方財政が徴収する排汚費を財源とする傾向がある。そのため，地方環境行政の能力向上や需要の如何に関係なく，予算規模が排汚費に左右される傾向を否めない。

　第二に，生態環境保全事業は，林業，農業と水利の三つの部門で執行されるが，統計が公表されているのは林業統計と水利統計の一部のみである。これはこの事業が林業部門を中心に行われてきたことを示すほか，広範な農村地域の統計環境が整備されていない実態を反映している。1998 年以前の林業部門による生態環境保全事業は，国の特定事業として小規模で行われたが，1998 年以降は国の重点事業として上位に位置付けて執行されてきた。また次節で示すように，投資規模が急速に拡大すると同時に，その財源を一般予算内資金から国債発行資金へ拡大する傾向がみられる。

　第三に，財政制度上，政府間の事務分担ルールが必ずしも明確化されていない中で，都市環境インフラ事業を地方都市財政が担うことになっている。これは 1996 年に制定された「固形廃棄物防除法」の中で，地方都市政府の環境インフラ事務を定めたことから，その後の第 9 次（1996 ～ 2000）および第 10 次五ヵ年計画期間（2001 ～ 2005）中に急速に拡大していったとみられる。1998 年以降の約 5 年間，中央財政は景気対策の一環として国債発行資金の一部を都市環境インフラ事業へ貸与する形で関わってきた。都市化の進展に伴う環境インフラ需要への量的対応が十分か否かの問題も議論の対象とするべきだが，ナショナルミニマムの重要な要素となる事業を，都市部を優先的に整備し，農村部を取り残してきた国の政策上の差別化が窺えるほか，それがもたらした地域格差の問題も無視できない段階にきている。

　第四に挙げられるのは，汚染源対策の執行コントロール能力の問題である。資金配分計画に基づく各級財政の環境関連事業費における資金配分の仕組みでは，財政担当部門が確実に執行使途をコントロールできる仕組みではなかった。実質上の使途は各担当部門と各企業に委ねられ，

それを監督し評価するシステムがうまく機能してこなかった。環境行政は国および地方の環境政策を考案・計画する権限をもつが、汚染源対策の予算執行過程を含むほとんどの環境関連事業の予算執行過程への介入権が認められてこなかった。実質上、汚染源の末端コントロール手段となるモニタリング権限と違法な汚染排出行為への取締権限しかもたない。環境統計上、汚染源対策の資金経路の集計は、財政部門および各政策担当部門との政策連携から得られた情報ではなく、環境行政が独自に行う汚染排出権許可証の交付手続きの際に、各企業から申告される報告表を集計して得たデータである。1989年に制定され、2014年に改正を行った環境保護法では、上で述べた環境行政の機能を限定して定めたままになっている。2008年の行政改革で中央の環境行政が環境保護部に昇格し、地方環境行政もそれに対応して地位向上を図ったが、行政機能の抜本的改革にはなっていない。

　環境予算制度における問題点を総括すると、まずは予算制度としての合理性と透明性を実現することが重要である。次に予算形成過程における国の環境政策の位置付けを向上させ、開発行為に対応できる十分な資金配分を行うほか、予算執行過程と事後評価システムにおける財政部門や環境行政そして発展改革委員会などの部門間の政策的統合を強めることが重要であろう。

2.3　公害汚染源対策から公共投資への転換

2.3.1　汚染源投資財源の多様化と投資主体の多元化

　表2.2で示すように、汚染源対策費に占める財政資金の比率は、1981年から1992年までは7割以上を占めていた。1990年代の半ばから減少傾向に転じ、特に2003年から急速に減少した。その背景には、国有企業改革をはじめ経済の市場化発展が重要な要因となったほか、国の環境政策の発展の結果でもある。1980年代の後半から始まった国有企業の

表2.2 既存汚染源対策費用に占める財政支出の比率

年度	投資総額 (億元)	財政支出率 (％)	企業負担率 (％)	年度	投資総額 (億元)	財政支出率 (％)	企業負担率 (％)
1981	14.5	83	17	1997	116.3	42	58
1982	16.1	75	25	1998	122.0	38	62
1983	14.6	76	24	1999	152.7	30	70
1984	19.5	82	18	2000	239.4	29	71
1985	22.1	75	25	2001	174.4	30	70
1986	28.8	73	27	2002	188.4	30	70
1987	36.0	71	29	2003	221.8	14	86
1988	41.9	69	31	2004	308.1	8	92
1989	43.5	71	29	2004	308.1	8	92
1990	45.4	71	29	2005	458.2	6	94
1991	59.7	73	27	2006	483.9	6	94
1992	64.7	70	30	2007	552.4	5	95
1993	69.3	69	31	2008	542.6	4	96
1994	83.3	69	31	2009	442.5	5	95
1995	98.7	69	31	2010	396.9	5	95
1996	93.3	53	47				

出所：中国環境年鑑（各年度版），中国環境統計年報（1999 ～ 2007 年度版）に基づき筆者作成。
注1：中国環境統計年鑑および中国環境統計年報によれば，既存工業汚染源における財政資金の数値については，2011 年度からは示されていない。
注2：2003 年度までの環境統計では，財政資金を「国家予算内資金」と「環境保護特定資金」に表示しているが，2005 年度以降は「排汚費補助」「政府その他補助」の項目となっている。2005 年度以降は，プロジェクトベースの補助事業として行ってきたことが窺える。

財政上の自主権限と独立採算権限の拡大改革や，その後の鄧小平の社会主義市場経済理論のもとで推進してきた国有企業の現代企業制度への改革が，国の財政機能を競争的な領域から次第に撤退させた。同時に非国有部門の急速な発展は国民経済全体に占める国有企業の割合を減少させてきた。

　一方で環境政策は，環境行政をスタートさせた当初から汚染源対策費の財源の多様化と投資主体の多元化を図ってきた。その結果，汚染源対策費用が実質的な国家財政の単一的な負担構造から，非財政部門，とりわけ企業の自主的な資金調達構造へ転換し，財政資金に対する民間資金の調達割合が増加するなどの財源の多様性を図った。また，財政資金自身の提供項目や民間資金の種類が，政策の強化に伴って増えてきた。このような傾向に伴って，投資主体そのものにおいても，財政資金の単一

性，または主導的な役割から，非財政部門の資金投入が主導を占める構造へと，多元的な発展傾向を示すようになった。

　その結果，当初の環境政策が想定していた汚染源対策費の汚染者負担原則（PPP）の適用環境が整えられ始め，汚染者による汚染源対策費の費用負担が本格化された。中国は当初，汚染源対策費用を捻出するため，そして投資による環境効果を高めるために，本来は市場経済を想定したOECDの汚染者負担原則を導入した。曲格平氏は，当時この原則が計画経済体制のもとでも健全に機能するか否かについて，まったく検討されないまま導入されたと述べている[5]。その結果，形式上は汚染企業が負担したが，実質上は財政が企業の運営費用を負担し，実質的負担者となった（金紅実等 2006）。そして，表2.2 に示されたように財政支出は長年にわたって高い比率を占めてきた。

　汚染源対策における財源の多様化と投資主体の多元化は，汚染企業の費用負担を強化し，責任の所在を明確にしたほか，財政の公共的機能への転換の余地を与えた。それまで国の財政が国有企業の経営活動に介入し，経営資金を財政資金から提供し，企業の汚染対策費を経営資金の中から調達し工面してきた方式から，国有企業の所有権と経営権を分離させることで，企業の経営責任と汚染対策の責任を明確化し，汚染源対策費を原因者が負担する原則として現実的に可能にした。このように国の財政は，企業経営を通して行った競争的領域の経済活動から撤退し，それまで国有企業に対して提供していた経営資金を，公共領域のために提供し，財政の公共的性格を強めた。このような財政制度の改革や公共性の向上に連動して，環境財政機能も国の産業計画が生み出した計画の失敗を補完する汚染源対策から，市場機能に取り残された公共領域の補完機能へと転換していくことになった。

　5　2009 年 3 月 23 日に行ったインタビューに基づく。

2.3.2 環境財政の公共的性格

このような公共財政的機能への転換を表2.2および表2.3からも読み取ることができる。1998年以前の環境政策は，県以上の国有企業を対象とした都市部中心の汚染源対策と小規模の林業生態環境保全事業が主な内容だった。しかし，その後の環境財政資金は汚染源対策費における割合を大幅に減少させ，その代わりに生態環境保全政策を中心とした公共領域への投入を，量的質的の両面から大幅に増加させた。

中国の環境問題は，かつての日本や先進国のように，一定の経済的基盤を形成した後に，さまざまな種類の環境問題を時代の流れとともに一つ一つ対処してきた経験とは異なる側面がある。経済開発の初期段階から公害問題に対処しなければならない課題のほか，都市化による廃棄物の問題，開発による生態環境の破壊問題など，圧縮型の特徴をもつ。そして経済的，資金的側面の制約が大きかったことから，有限な資源を，緊急性と優先度が高い分野から対処する必要性が生まれたと考えられる。その結果，とりわけ生態環境保全領域への国の財政資金が大幅に増加した。

林業分野では，1997年以前は，西北，華北および東北部や長江上中

表2.3　林業部門の環境保護投資

年	林業投資完成総額			林業重点プロジェクトの投資総額		
	林業投資総額 (1)	国の公共支出 (2)	林業投資総額に占める国の公共支出 (3)=(2)/(1)	投資総額 (4)	国の公共支出 (5)	林業重点プロジェクト投資総額に占める公共支出 (6)=(5)/(4)
	（億元）	（億元）	（％）	（億元）	（億元）	（％）
1990	246,131	107,246	43.57	25,537	13,469	52.74
1995	563,972	198,678	35.23	162,611	43,062	26.48
2000	1,677,712	1,130,715	67.40	1,106,412	881,704	79.69
2005	4,593,443	3,528,122	76.81	3,616,302	3,212,387	88.83
2010	15,533,217	7,452,396	47.98	4,720,065	3,617,431	76.64
2011	26,326,068	11,065,990	42.03	5,222,129	4,343,147	83.17

出所：中国林業年鑑（各年度版）に基づき筆者作成。

流地域および太行山地域の防護林建設事業を中心とする十大林業生態保全事業を行ったが，その規模は年間7億元未満の小規模なものだった。しかし1998年には年間30億元を超え，その後年々規模が拡大し続けた。その結果，2001年には135億元を超え，2006年には325億元を超えるまでに至った。また支出項目からみた場合，それまでの十大林業生態保全事業に加えて，1998年には全国生態環境重点事業と天然林資源保全事業がスタートし，2000年には退耕還林事業が，その翌年の2001年には北京天津風砂源対策と野生動植物保全事業が加えられ，2006年には湿地保全事業がスタートした。

　生態環境保全事業は，林業のみならず，農業部門と水利部門でもあわせて行うことになった。水利部門では，2000年から流域土壌流出防止政策が実施され，全体に占める財政資金の規模は不明だが，生態環境保全投資事業をあわせて2000年には18.3億元に，2001年には17.7億元，2003年には51.9億元，そして2004年には58.7億元，2005年には39.2億元と，投資規模を拡大してきた。ほかにも循環経済の実施や省エネ対策などの，これまで放置してきた公共領域への財政資金投入が次から次へと行われた。

　これまでの分析を通じて，今後の環境行財政システムの改革の方向性について幾らかの示唆が得られた。まずは，環境予算の形成過程への介入度を強くする問題である。この問題は既存予算システムの根本に関わる問題であり，行財政制度の抜本的改革につながる問題である。そのために，現行のシステムにとってより低リスクで移行しやすい制度を慎重に検討する必要がある。環境予算の意思決定過程への財政部の意思決定権限を増やすのか，それとも環境保護部の介入権を強化するのかについては，現行の環境財政の執行システムの特性に基づく権限の再配分と調整手続きが必要となる。現行の制度では，少なくとも国が掲げた国家環境保護五ヵ年計画の政策目標を担保するために，財政資源配分の手続きにおける環境予算の割合を大幅に引き上げ，開発財政に見合うだけの資

金規模を確保する必要性がある。ナショナルミニマムを実現していない現行の行財政システムの中で，中央政府の統括的な計画による政策執行の効率性を高める利点もある。

　しかし，他方で環境予算の執行過程への環境行財政システムの改革については，特に環境財政の資金投入の効率性について多くの指摘がなされた。このような財政資金の効率性の評価問題は，環境政策を含む公共政策全般を通じていえる問題であり，国の財政制度も見直す動きが現れ始めた。その上に2008年の行政改革では中央環境行政が環境保護部へ昇格し，これまで障害とされてきた行政地位の劣位の問題が解消され，建前上は本来あるべき姿である他の政策部門との対等な対話が可能な環境となった。

おわりに

　以上の分析の結果，次のことが明らかになった。まずは，中国の環境行財政システムの制度設計の段階から当時の計画経済体制下の既存システムへの統合を考え，合理化を図った。そのため，環境行財政システムの発展は，国全体の行財政制度の制約の下で発展し，制度的な諸改革に左右された。次に，環境行政が制定する環境保護五ヵ年計画は国の経済社会発展五ヵ年計画に統合され，その指針の下で具体的な政策目標を提示する仕組みとなっている。

　しかし，環境政策の予算資金は国家発展改革委員会の定める特定プロジェクトの資金枠に基づいて財政部が取り決める仕組みになっている。そのために，環境政策の執行資金は国の財政状況のほかに，国全体の政策優先順位付けに影響されることになる。そもそも国全体としての予算執行効果の評価基準やシステムが不十分であることのほかに，環境予算枠の取り決めについては国家発展改革委員会と財政部が権限を有し，農林業や水利，国土資源および産業担当部門が予算執行を担当する。これ

に対して，環境政策の立案や環境効果のモニタリングを環境行政が行うという仕組みとなっている。そのため，必ずしも環境政策目標に見合った予算執行が行われない側面がある。しかし，このような諸制約の下で環境財政は絶えず発展を遂げてきた。国有企業改革の進展に伴い，財政機能が従来の計画的配分機能から市場経済を補完する公共的機能へと転換しつつある中で，環境財政もその傾向を反映するようになった。そして従来の国有企業を対象とした汚染源制御政策から林業，農業，水域，都市環境インフラなどの公共的領域の環境管理へとシフトしてきた。

　今後の課題として環境行財政システムの行政地位の向上と実質的な監督機能の向上が伴わない現実問題も確認できた。現行のシステムでは，行政的な地位が向上したとしても，実際の政策執行および予算執行への計画，監督権限が改善されない限り，環境財政資金の政策効果を正しく捉えることが難しい課題が残された。

第3章

環境財政の概念と中国環境財政

はじめに

　環境財政という用語は比較的新しい概念であり，現段階ではなお発展途上にある概念である。しかし，これまでの環境政策の発展史を振り返ってみると，環境行政が果たした重要な役割や公共投資といった多くの領域から，政府の財政資金による積極的な取り組みとその成果を伺うことができる。その政策領域は公害対策のみならず，生態環境保全事業，環境教育，伝統文化の保全事業や今世紀の最大の政策課題ともいわれている地球環境問題といった幅広い領域に関係する。

　中国の場合は，これまでの公害問題や自然資源開発による環境破壊の最大の原因者が国有企業だったことや，国の政策がこのような破壊行為を助長させた側面がある。国有企業の実質的な経営者が国だったことやその経営資金の提供者および環境対策の費用負担者が国家財政だったこと，そして近年になって著しく増加の傾向にある環境領域への公共投資の経緯をみた場合，国の政策や財政資金が環境政策に大きな役割を果たしてきたといえる。

　これまでの中国環境政策研究では，政府の法体系の整備や資金調達の

重要性，資源環境の管理責任に対する関心が高かった一方で，財政資金の調達ルートとその形成過程，そして財政予算の執行システムと執行過程，執行による政策効果などに対する財政学的な検討は少なかった。

　本章では，先行研究の論点を踏まえ，環境財政の概念と定義について整理を行う。その上で，中国の財政制度の諸制約を土台とする環境財政の政策的概念の範疇やその特徴，そして財政制度の改革に伴う環境財政の現状と課題について検討を行う。

3.1　環境財政の概念と定義

　環境財政という用語は環境政策領域においても，財政学の研究領域においても新しい用語であり，現段階では学術的な位置付けが明らかになっていない。しかし，持続可能な発展を実現するために不可欠とされる環境，経済，社会の統合政策を実施する担い手として政府の役割が注目され，そのための必要な能力の一つとして環境財政への関心が集まりつつある（植田和弘 2009）。神野（1995）は，必ずしも定着したコンセプトではないとしながらも，環境財政の概念を「環境保全を政策課題とする環境政策のための財政」であると定義した。その後，植田は神野の[6]定義を踏まえた上で，神野の定義の上に，開発財政による環境へのマイナス的な政策効果を考慮すべきであると主張した。つまり，両者は財政資金活動による環境政策のための積極的な投入活動とマイナス的な投入活動の両面からその効果を評価すべきという見解を示した。この二つの見解は，今後の環境財政の研究や環境行財政システムのガバナンスのために，その基盤となる理論的な基本枠組みを示唆したと捉えることができる。

　6　環境経済・政策学会 2009 年度全国大会（千葉大学）で行われた植田和弘の
　　報告「日本の環境財政と環境財政研究の課題」を参照した。

表 3.1　環境政策執行の担い手と財政関係

分類	構成内容
事業主体の性質	①行政が主導する環境事業，②民間が主導する環境事業
環境政策内容	①産業公害対策，②生態保全政策，③アメニティ保全政策
政策の担い手	①政府・行政，②企業，③住民団体
経費の性質	①投資的経費，②経常的経費

出所：筆者作成。

　本章は先行研究の成果を踏まえ，特に中国財政の制度上の限界やデータ整備の制約を考慮し，分析可能な枠組みとして神野の定義に限定し，環境政策に対する直接的な財政支出関係を分析範疇とする。

　表 3.1 は，このような直接的な財政支出資金を 4 種類に分類した。

　環境事業の実施主体からみた場合，国または地方政府によって推進される環境事業と民間セクターが主導する事業に分けることができる。国または地方政府の環境事業に必要な経費は国や地方政府の財政措置を通して資金調達が保障されるが，民間主導の環境事業の場合には，主たる事業経費を民間が調達し，それに対して国や地方財政から資金補助を行う場合がある。

　次に，環境政策の内容からみた場合，概ね三つの政策内容に区分することができる。具体的には，産業公害に対する対策のほか，森林伐採などにみられる自然破壊や生物多様性の破壊問題，近年中国で顕著に現れるようになった砂漠化問題などの生態環境保全をテーマとした対策，そして環境領域における文化的価値の重視とともに注目されるようになったアメニティ保全政策がある。

　三つ目は，政策の担い手から分類を行った場合であるが，一般的には行政，企業と住民団体に分類できる。環境財政は国や地方政府が行う事業に直接的な資金提供を行うほか，企業や住民団体の環境活動に対しても，補助金の形式で資金面のサポートを行う。特に，最近になって環境行政の主導的役割から産学官協働による政策執行が注目されるようにな

第 3 章　環境財政の概念と中国環境財政　　33

り，市民による環境保全活動がより活発になる中で，環境財政の多面的
な支援機能が注目されている。

　最後に，支出形態からみた経費の性質は投資的経費[7]と経常的経費に
分けて考えられる。投資的経費は事業の実施のために直接投入された財
政資金であり，経常的経費は行政部門の管理コストがその主な構成とな
る。

3.2　中国環境財政の分析範囲

　中国の場合，日本や他の国と共通した政策傾向がみられると同時に，
中国独自の経済財政制度の特徴が現れている。「環境」という概念につ
いて，1989 年に正式に公布された環境保護法では，「本法律で定める環
境とは，人類の生存，生産に影響を及ぼすさまざまな自然的な，または
人工的に加工された自然要素のすべてを指す。……大気，水，海洋，鉱
山資源，森林，草原，野生動物，自然遺産，人文遺産，自然保護区，景
観……を含む」と定義している（国家環境保護総局 1997）。

　法律上の概念定義からは，三つの政策，つまり，①産業公害対策，②
自然環境保全政策，③アメニティ保全政策の三つの政策内容を含むこと
が分かる。中国の環境政策の発展過程を考察した場合，産業公害問題と
生態系破壊問題が一貫して最重要課題として位置付けられ，アメニティ
保全政策については 2000 年以降になってようやく取り上げられるよう

　7　本章で取り扱う財政資金における「投資的経費」とは，中国を想定した概
　　　念である。1998 年以前は，国家財政が国営企業の経営に直接に関わり，国
　　　が企業のオーナーとして企業の投資資金や運営資金を提供した。1998 年以
　　　降は，国営企業の現代企業制度の改革が行われ，国家財政から完全に分離
　　　された独自の会計システムが導入された。

になった。[8]しかし現段階の無形文化遺産保護の関連政策に対して，環境政策の意思決定部門および意思決定過程との結びつきについて不明な点が多く，環境政策としての位置付けと財政関係に関する情報が少ない。そのため，環境財政資金の内容を取り扱う際に，前の二つの政策内容についてしか関連データが存在しない。

このほか，政策の担い手の分類からみた場合，政府主導の保全政策のほかに，民間事業への補助金政策，例えば産業界の循環経済発展事業への補助金政策や環境基金のような官民協働型事業への設立原資の提供などの面で，ますます活発な資金活動がみられるようになった。ただ，現行の財政統計体系の不備によって，環境財政の支出項目からこれらの多くの資金供与の傾向が読み取れないのが現状である。ほかにも政策の担い手として注目されている市民環境運動や環境民間組織の活動に対する財政の関わり方についても，不明確な点が多い。特に中国の固有の問題として，公害紛争問題の解決といった政策の執行現場で大きな役割を果たしている官製環境 NGO（包茂紅 2009）をどのように取り扱うべきかは，今後の研究課題の一つである。現段階では，同じく財政統計システムの制約からこれらを含む関連データを抽出し分析作業を行うことは困難である。そのため，本章の課題としては位置付けない。他方で，環境保護部はこの 2011 年 1 月に「環境保護社会団体の合法的な発展を誘導し育成することに関する指導意見」を公布し，政策の強化と市民への浸透力を広めるための対策として，今後は政策的に推進させていく目標を明らかにした。これは今後の市民の環境活動や民間の環境 NGO など民間団体への政府の協力姿勢を示したものであり，財政資金による一定程度の支援も予測される。

---

8 2004 年に国務院弁公室が公布した「我が国の非物質文化遺産の保護強化に関する意見」（http://www.ihchina.cn/inc/detail.jsp?info_id=52（2010 年 9 月 30 日アクセス））を含め，このような文化遺産の保護に関する政府の法令などを目にする機会が多くなった。

第 3 章　環境財政の概念と中国環境財政　35

本稿では，現行制度との整合性を図りつつ，可能な範囲で問題の所在と特徴を整理する。

3.3　財政統計からみた環境財政の支出傾向

中国は 1978 年に経済開放改革政策を実施して以来，経済体制の漸次的改革の一環として幾度の財政制度改革を行ってきた。第 11 次五ヵ年計画期間（2006 ～ 2010）の 2007 年に初めて市場経済体制に見合った抜本的な支出体系を導入した。計画経済体制のもとでは国の統制による計画的な財政運営が行われたため，財政資金の透明度が低く，国民への説明責任など，公共財政の重要な要素とされる制度が存在しなかった（金紅実 2011）。そのため，財政資金の支出項目は，概ね①基本建設項目という経営的または投資的経費と，②経常的経費の二つに分かれて運用され，政府の組織別の資金配分内容や事業別の資金活動の構成内容が必ずしも明確ではなかった（包麗萍等 2000）。当時の政府の環境事業資金は，上記①の基本建設項目から多く支給されたが，公表データでは基本建設項目全体の内訳の情報が少なく，細分化された説明がなされていなかったため，この支出項目における環境資金の規模や事業別の支出状況などを読み取ることができなかった。

2007 年の新しいシステムの導入では，政府組織別の予算制度が実験的に導入されたほか，政策事業別の資金運営データの集約と統合作業が行われ，具体的かつ体系的な統計データの公表を通じて財政運営システムの透明化を図るための試みが行われた（財政部予算司 2007）。しかし，この制度改革はまだ発展の途上にあり，環境財政の関連データを含め，政策実施の全体像を示すことになっていない。このような限界をもちつつも，環境政策の内容と合致する形態へ向けて少しずつ整備されつつある。

環境保護部によって策定し公表される国家環境保護五ヵ年計画は，国全体の環境政策の事業計画と目標を示すものである。国の経済社会発展

五ヵ年計画が初めて策定されたのは1952年であるが，国の環境保護五ヵ年計画は第8次五ヵ年計画（1991～1995）から正式に策定されるようになった。確実な予算措置や資金調達のルートが約束された計画ではなく，キャンペーン型もしくは努力目標的な計画要素が多く存在する弱点を抱えながらも，国の環境政策を把握する上で，重要な指標となる。

第11次環境保護五ヵ年計画（2006～2010）を例にした場合，概ね次の政策内容が把握できる。つまり，①公害対策，②生態環境保全政策，③農村環境保全政策，④海洋環境保全政策，⑤放射性物質の汚染強化対策。⑥環境管理能力の強化対策が盛り込まれている。①の公害対策には，主として省エネ・汚染削減対策や都市の生活ゴミを含む固形廃棄物対策，自動車排気ガスの規制や騒音対策などが含まれる。②の生態環境保全政策には，林業，農業，水利事業を含む生態機能の向上政策と保全政策のほか，野生動植物を含む生物多様性の保全政策などが盛り込まれた。③の農村環境保全政策では，土壌汚染や農村の全体的な環境管理の強化，農村面源汚染拡大防止策などが挙げられた。④の海洋環境保全政策では，陸地からの汚染物質の流入制限や重点海域港湾の汚染防止策，海岸環境整備などが盛り込まれた。⑤放射性物質の汚染対策は若干の言及に留まり，具体的な政策内容は過去の政策レベルを維持した内容である。⑥の環境管理能力の強化策については，第10次環境保護五ヵ年計画に続いて重要な政策課題として位置付けられ，汚染源末端制御の重要な役割として強調された（全国環境保護11・5計画編集委員会2008）。

上述した国の定めた政策計画の内容とその政策をバックアップするはずの財政支出状況を比較すると次のとおりになる。表3.2はその内容を示すもので，国が公表した財政予決算報告書に基づいて，2007年度から2010年度までの支出状況を整理したものである。この期間の財政支出項目は，必ずしもこの期間の国家環境保護計画の内容と一致しないが，財政制度改革の諸傾向を推察する重要な手がかりとなる。

中国の財政改革は1998年の国有企業の経営権と所有権の抜本的な分

離改革を皮切りに，2000 年以降は地方政府における行財政改革を浸透させる一方で，政府組織予算の制度化改革や予算外資金の透明化などを強化してきた。このような改革の試行錯誤の結果が，表 3.2 で示されたデータ構成の特徴からも読み取ることができる。

　上述したような 1998 年の制度改革を背景に，中国の財政制度上では初めて「公共財政」の用語が提起され，それから約 10 年間の内部議論と試行錯誤を経て，2007 年から新しい財政支出体系が試験的に導入された。2007 年度の財政支出体系は初めて市場経済体制に応える形で，説明責任や透明性などの公共財政的要素がキーワードとなり，内部からの説明可能性と外部からの読取可能性を重視した事業ごとの支出項目が整備された。

　ただ 2007 年度の財政支出体系は，事業項目ごとの分類は行ったものの，事業項目に含まれる支出項目の詳細な情報に関しては不明な点が多くみられた。2008 年度および 2009 年度は，前年度の不備をよりカバーする形で，より多くの情報を各支出項目の中に反映するようになったが，それまで最大の課題の一つとされてきた組織別の予決算状況や事業経費と行政経費の構成などに関する情報が少なかったため，全体の財政資金の流れを把握する上で依然として困難が大きかった。

　しかし，公共支出のいっそうの体系化と透明化を図ったため，環境財政やその予算の配分および執行の状況は，このようなシステム改革の進展に伴って徐々に明らかになった。

　2010 年度財政支出項目からは，次のような傾向を読み取ることができる。まず，政府組織予算の標準化改革の一定の効果が出ており，環境保護部や林業部，水利部，国土資源部，国家発展改革委員会の組織予算の透明性がみられるようになった。2010 年度に行われた大幅な改革は，それまでの制度改革の課題を補強する形でさらに細分化を行った。結果，個別事業の資金投下状況や一部の行政経費の使用状況が一定範囲で示されるようになった。一部の組織予算の不透明性が残りつつも，2014 年

表 3.2　2007 ～ 2010 年度環境財政支出項目の内容（単位：億元）

年度	全国予算総額 （対 GDP 比%） （対国家財政支出比%）	地方財政支出	中央財政直接支出	中央から地方への 財政移転
2007	995.82　(0.38)　(2.1)	－	34.59	747.52
2008	1451.82　(0.48)　(2.3)	1385.15	66.21	974.09
	（以下内訳）	（以下内訳）	（以下内訳）	全額が特定事業資金として移転。主に退耕還林政策の農民への補助資金に充てた
	自然生態保護　　33.54	自然生態保護　　32.53	自然生態保護　　1.01	
	天然林保護　　　81.69	天然林保護　　　72.68	天然林保護　　　9.01	
	退耕還林　　　306.80	退耕還林　　　301.33	退耕還林　　　　5.47	
	退耕還草　　　　19.64	退耕還草　　　　19.29	退耕還草　　　　0.35	
	省エネ利用　　155.58	省エネ利用　　135.67	省エネ利用　　　19.91	
	再生可能なエネルギー　44.78	再生可能なエネルギー　36.75	再生可能なエネルギー　8.03	
2009	1934.04　(0.56)　(2.5)	1896.13	37.91	1113.9
	（以下内訳）	（以下内訳）	（以下内訳）	全額が特定資金として移転
	自然生態保護　　53.68	自然生態保護　　53.08	自然生態保護　　0.60	
	天然林保護　　　80.60	天然林保護　　　73.84	天然林保護　　　6.76	
	退耕還林　　　438.33	退耕還林　　　433.11	退耕還林　　　　5.22	
	退耕還草　　　　36.57	退耕還草　　　　36.33	退耕還草　　　　0.24	
	省エネ利用　　196.98	省エネ利用　　189.15	省エネ利用　　　7.83	
	再生可能なエネルギー　59.01	再生可能なエネルギー　57.13	再生可能なエネルギー　1.88	
2010	2441.98　(0.61)　(2.8)	2372.5	69.48	1373.62（特定事業資金）
	（以下内訳）	（以下内訳）	（以下内訳）	（以下内訳）
	環境保護管理事務　101.87	環境保護管理事務　98.14	環境保護管理事務　3.73	環境保護管理事務　0.00
	監督観測と取締　28.19	監督観測と取締　25.33	監督観測と取締　2.86	監督観測と取締　6.41
	汚染防除　　　720.24	汚染防除　　　711.63	汚染防除　　　　8.61	汚染防除　　　263.93
	自然生態保全　104.35	自然生態保全　103.63	自然生態保全　　0.72	自然生態保全　36.54
	天然林保護　　74.49	天然林保護　　67.73	天然林保護　　　6.76	天然林保護　　58.39
	退耕還林　　　371.28	退耕還林　　　366.62	退耕還林　　　　4.66	退耕還林　　　337.65
	風砂荒漠対策　36.26	風砂荒漠対策　36.26	風砂荒漠対策　　0.00	風砂荒漠対策　27.00
	退耕還草　　　34.01	退耕還草　　　33.56	退耕還草　　　　0.45	退耕還草　　　33.15
	省エネ利用　　401.93	省エネ利用　　375.04	省エネ利用　　　26.89	省エネ利用　　281.70
	汚染削減　　　303.81	汚染削減　　　287.70	汚染削減　　　　6.11	汚染削減　　　184.59
	再生可能なエネルギー　117.88	再生可能なエネルギー　117.88	再生可能なエネルギー　5.50	再生可能なエネルギー　100.81
	資源総合利用　44.24	資源総合利用　41.75	資源総合利用　　2.49	資源総合利用　42.54
	エネルギー管理事務　2.39	エネルギー管理事務　1.69	エネルギー管理事務　0.70	エネルギー管理事務　0.00
	その他環境関連支出　101.04	その他環境関連支出　101.04	その他環境関連支出　0.00	その他環境関連支出　0.91

出所：中国財政部の全国財政予算決算報告（2007 ～ 10 年度）により作成。
注 1：GDP は当該財政年度の名目 GDP を基準に作成。
注 2：財政支出額は当該財政年度の財政支出総額を基準に作成。
注 3：各年度の項目別支出総額とその内訳の合計額が一致しない場合があるが，内訳の情報を扱っている各
　　　担当部門が統計制度の再構築等の理由で，関連情報を提供できなかったのではないかと推察される。

の時点では中央行政のほとんどの組織予算と省・市級の地方財政の多く
が，予算執行の説明責任と透明度の向上のための制度づくりがなされて
いる。

　第二に，財政部の財政資源配分の役割，環境行政の政策立案計画の機
能，他の政策執行部門の役割分担と資金の流れがより鮮明になったとい
える。組織予算制度の整備と普及に伴って，組織別の環境関連資金の具
体的使途や規模が統計的に把握できるようになり，その情報が最終的に
財政部の支出体系に統合されることによって，国全体としての環境財政
の資金関連情報が集約されることになった。

　他方で，環境予算規模が国家財政支出全体に占める割合が初めて示さ
れるようになった。組織予算制度が未だに改革の途中にあるため，資金
面の情報や規模の計算上で課題を抱えていながらも，現行の支出体系の
中で環境財政のあり方を検討する上で重要なバロメーターとなる。

　2007 年以前は，国全体としての環境財政の規模が正確に把握できず
にいたが，2007 年には対財政支出の割合が 2.1％，2008 年には 2.3％，
2009 年には 2.5％，2010 年には 2.8％という算定結果を得ることができた。
総額の規模からしても割合のレベルからしても年々増加の傾向を示して
おり，近年の政府による環境重視の政策志向を表す結果となった。

　李秀澈（2009）が行った韓国中央政府の環境予算関連の分析結果では，
2005 年度の対政府予算の比率が 2.12％で，2007 年度が 1.86％，2008 年
が 1.87％となっている。これと比較した場合，中国の環境予算の規模や
対財政支出規模の割合は低いといえない。韓国では，中央財政における
環境予算の規模は年々増加する傾向にあるが，割合上は少し減少傾向に
ある。これに対して，中国の国家財政における環境予算は，規模上も
割合上も年々増加している。しかし，韓国は近代化への発展段階を終え，
産業型公害問題および都市型公害問題をある程度制御された状況の環境
財政の規模である。それに対して，依然として深刻な状況にある公害問
題のほか，生態環境保全の問題や流域管理の問題など進行中の同時多発

的な環境問題を多く抱えている中国にとっては，現在の環境財政規模が適切であるかどうかはさらに検討する必要がある。

3.4 環境関連統計における環境財政データとその限界

中国財政部は予算資源の配分権限を有し，林業部，水利部，農業部，国土資源部などが政策執行部門として政策および予算の執行を行う。政策執行を担当する各政策部門は，それぞれが担当する事業内容を中心に各自の統計システムを形成している。環境行政は，他の政策部門より遅くスタートし，1980年代から整備され，既存の行財政システムに統合された。

国の環境政策が本格的に始動されたのが1970年代の終わりごろであることを考慮すると，環境保護部が発行する「環境統計」はそれから10年以上も遅れたタイミングで，1993年に初めて公表されるようになった。しかも，その内容は国の環境政策全般を網羅するための統計システムではなく，公害対策の内容を中心に整備されてきた。そのため，国全体の環境財政の執行状況を考察するためには，財政部の財政データのほか，各政策部門が発行するそれぞれの統計データを寄せ集めて，データの統合作業と総合的な分析作業を行う必要がある。

したがって，環境関連統計における環境財政の統計データは，表3.3でまとめた内容のとおりである。財政統計については，前節で述べたように，2007年以前の統計システムでは環境政策関連の支出項目がなく，国全体としての環境財政の規模や対財政支出規模の割合をまったく把握することができなかった。そのため，それまでに行われた国の環境政策の執行状況については，少なくとも財政資金の面からは正確な評価ができないのが実情である。また政策執行部門の統計システムを考察した場合，林業統計は，国土に占める生態系機能が脆弱な地域の面積が大きいことや国の生態環境保全政策への取り組みが比較的早かったことなどか

表 3.3　環境政策の事業別統計の実態

事業別統計項目	発行機関	担当政策内容	関連統計整備状況
財政統計	財政部	財政資源配分	2007 年まで環境保護支出項目が不存在
環境統計	環境保護部	環境計画・環境政策立案と策定　汚染源のモニタリングと監督・取締	1993 年から統計ブック発行，汚染源対策の統計のみ，財政資金と民間資金の未区分状況
林業統計	国家林業局	防護林建設，天然林保護，退耕還林（草），治沙対策，野生動植物保護，湿地保護	1993 年から統計ブックを発行，政策執行の資金運営を比較的体系的に整備，財政資金と民間資金の区分
農業統計	農業部	土壌汚染，一部の森林・水利関連の自然環境保全（退耕還湖・農村汚染源調査等）	2000 年以前まで面源汚染源の調査・統計がほとんど行われていない，環境関連のデータ不明
水利統計	水利部	水資源保護，土壌流失，水質汚染	1997 年から一部の政策に関する環境データを整備開始，財政資金とその他の資金源の区分が不明
国土資源統計	国土資源部	国土資源開発，海洋環境保全	環境関連の統計データが不明
都市統計	都市農村住宅建設部	都市ゴミ，都市飲用水源保護，都市環境インフラ	1997 年まで飲用水源保護関連のデータのみ，2000 年以降都市ゴミ関連データや環境インフラ関連データを整備開始，財政資金とその他の資源源の区分が不明

出所：財政統計年鑑，林業統計年鑑，水利年鑑，農業統計年鑑，国土資源統計年鑑，都市統計年鑑，環境統計年鑑の各年度版を参考に作成。

ら，1983 年から系統的な統計年鑑を発行し，統計システムを整備してきた。

　しかし，林業統計を除いた他の環境政策執行に関わった行政部門の統計の場合，統計システムそれ自体の整備が遅れたほか，環境政策関連のデータについては情報が限定され，データが財政資金と民間資金の区分がなされていないなどの問題がある。そのため，公共財政という視点から環境政策の執行を考察する上では，解明不能な領域が多く存在する。

　公害対策関連のデータを示す環境統計は，工業汚染源として既存汚染

源と新規汚染源の制御状況を示している。環境財政の資金運営状況が分析可能なのは既存汚染源しかなく，新規汚染源の対策についてはほとんど読み取ることができない。第4章で述べるように，既存汚染源対策は，主に国有企業を制御対象とするため，国有企業の現代企業制度の導入や政府との権限分離改革によって，対策費用に占める財政資金の割合は顕著に減少した。

都市統計では，主に都市環境インフラの整備費用と飲用水源地保護の対策費用が勘定されている。特に都市環境インフラ整備費用は，都市化の進展に伴って環境保護投資[10]に占める比率が近年非常に大きい。都市環境インフラの対象には，北方の供熱システムの導入や都市燃料ガスの導入，公園緑化，廃棄物処理，下水処理施設など5項目が含まれるが，廃棄物処理と下水処理施設以外の項目は，実際のところ不動産開発業者による投資が大半を占めるため，その中に占める財政支出の比率は低い。

9　中国の環境政策では「既存汚染源」と「新規汚染源」という用語がよく使われるが，その明確な定義は見当たらない。環境統計や他の環境政策の文献から考察するかぎり，「三同時」政策，つまり新規の建設，増設および改築事業に対して，その主体工事の設計，建設および稼働の際に，汚染防止除去施設の設計，建設および稼働を同時に行うことで，新たに発生しうる汚染源をコントロールしようとした傾向が読み取れる。それに対して，既存の汚染防止除去整備や技術的な条件で発生する汚染源に対しては設備の「更新改造」対策を通じてコントロールしようとした。中国は経済発展の比較的早い段階から汚染源制御対策を行ってきたが，経済力の制約や汚染コントロール技術の限界から，二つの汚染源を同時にコントロールする政策よりも，むしろ新規汚染源のコントロールをより重視した対策を採ってきた。後述するように「三同時」政策の関連データが示す「新規事業の合格率」は環境効果の実態に基づいた評価手法ではないため，高い水準の審査合格率にもかかわらず，新規事業による汚染行為は後を絶たなかった。その結果，新規汚染源が一定の期間を過ぎれば，歴史的な負の遺産となる既存汚染源に転換していく仕組みが長期にわたって存在した。

10　環境保護投資の概念と定義については，第4章の整理を参照されたい。

データの整備や統計システムの不備の問題などにより正確な数値は把握できないが，都市化に伴う廃棄物対策や下水処理施設の建設など，都市生活型公害問題への対策の不十分さがここでも表れている。

　林業部門による生態環境保全事業は最も古い環境政策ともいえる。特に，1998年に公共財政という用語が用いられるようになり，政府機能と財政機能が公共政策へとシフトしていく中で，林業部門を中心に行われた公共投資が年々増加し，全投資額に占める財政の寄与度が非常に高いことが明らかになった。

3.5　環境行政の量的発展と環境予算

　環境予算と環境行政予算は，相互間の関係性をもちつつも，異なる二つの概念である。環境予算は環境行政予算を含む政府全体の環境関連支出，つまり行政経費と環境保全対策費の合計であり，環境行政予算は環境行政の能力整備および業務執行，組織運営に必要な一般行政経費である。ここで特に環境行政の予算実態を取り上げるのは，長年にわたってこの予算問題が解決されなかったために，地方の政策執行に影響を与えてきたと考えるからである。

　その背景は以下のとおりである。

　まずは，国の財政制度における政府の組織予算制度が完備されてこなかった点である。法的枠組みの中で公務員の定額定員制度が確立されてこなかったため，政府組織間の給与待遇の格差や組織予算の算定過程における不透明性や格差が生じた。明確な法的根拠を確立してこなかったために，しばしば財政部門の裁量権や政府部門が有する政治的交渉力によって予算規模が決定される傾向があった。次に，環境行政は後発的に発展したことや，長年にわたって行政地位が向上できなかったため，特に組織としての予算確保能力や交渉力が弱かった。そして，他の部門に比べて排汚費徴収金や排出基準違反による罰金のほかは，税収入源が乏

表 3.4　全国環境保護行政の人員配置（単位：人）

年度	全国数	中央	省級	市級	県級	郷級
1992	74,915	–	8,658	26,822	39,435	–
1993	81,373	–	8,865	28,631	43,877	–
1994	86,717	–	8,882	29,793	48,042	–
1995	90,270	–	9,780	30,677	49,813	–
1996	95,562	–	10,293	30,673	53,710	886
1997	103,108	–	9,444	32,719	59,359	1,658
1998	105,932	–	8,707	30,371	64,218	2,636
1999	121,049	1,635	9,048	32,200	74,943	3,223
2000	131,092	1,647	10,876	35,521	81,574	3,121
2001	142,766	1,664	9,539	38,072	89,316	4,175
2002	154,233	1,840	11,450	39,545	98,098	5,140
2003	156,542	1,673	11,966	39,960	99,892	4,724
2004	160,246	1,653	10,286	41,517	102,034	4,756
2005	166,744	2,452	10,616	42,880	106,339	4,487
2006	170,290	2,065	10,911	43,084	109,839	4,391
2007	176,988	2,266	10,847	40,154	118,751	4,970
2008	183,555	2,367	11,506	40,928	123,383	5,371
2009	188,991	2,417	11,919	41,763	126,478	6,414
2010	193,911	2,584	12,427	42,462	129,284	7,154
2011	201,161	3,020	13,090	45,019	132,596	7,436

出所：中国環境年鑑（1993 年から各年度版）に基づき筆者作成。
注 1 ：1992 ～ 99 年の中央人員配置の統計データが見当たらない。
注 2 ：1992 ～ 95 年までの郷級人員配置の統計データが見当たらない。

しく　自らの資金調達能力が低かった。

　結果として，環境行政の組織予算の実態は未だに明らかにされていない。環境年鑑では中央環境行政の予算状況を文章で述べるに留まり，未だに貨幣的なデータが公表されていない。2007 年以降，財政支出体系の新しい制度の導入によって，財政統計年鑑では少しずつ公表するようになったが，環境行政全体の予算決算状況を示すに至っていない。また，地方環境行政の予算状況については記述すらされていない。

　このような実態を踏まえると，環境行政の組織予算傾向を人員配置の傾向値から推定せざるをえない。表 3.4 はその内容をまとめたものであ

る。上述した欠陥がありながらも，環境行政システムは量的な面で確実に発展した。表3.4で示されるように，環境統計では1980年代の人員配置について各級政府別の集計がなく，1998年までは，中央環境行政の人員配置データの集計が行われていない。このような統計システム上の不備を念頭に置きながら，1990年代以降のデータに基づいて集計作業を行った。

全国の環境行政は，中央，省，市，県，郷と5級行政から構成される。政策は中央から策定され，中央→省→市→県→郷と順次伝達される仕組みになっている。

全体を通して，中央環境行政の人員がそれほど増加しない傾向の中で，地方環境行政の人員が着実に増えてきたことが分かる。特に2000年以前の人員配置は市級と県級を中心に増やしている。この傾向は2000年以前の環境政策が，都市部中心の県級以上の汚染対策を中心に行われた政策執行結果と一致するといえる（馬中等1999）。しかし，ここでの制御というのは，汚染の完全制御もしくは除去を意味するのではなく，汚染企業や汚染状況の統計的な把握と政策のコントロール能力の向上を意味する点に留意されたい。

また，ここで記された郷級環境行政は予算権や人事権が独立した単独の行政組織ではなく，県級環境行政の派出所的機構がそのほとんどである。2000年以降，農村部の汚染対策と生態環境保全事業が次々と打ち出され，環境政策の強化の兆しがみえ始めた。それに対比して，郷級環境行政の人員配置は顕著な増加がみられていない。これまで全国農村部の汚染実態調査は3回ぐらいしか行われておらず，政策コントロールの強化や汚染状況の統計的把握などの面で，なお多くの課題と問題を抱えたままである。

上で述べた環境行政のおかれた不利な条件は，地方環境行政の予算制度の発展に対しても大きな障害となった。中央環境行政の予算は，他の部門に比べて不利な立場にあったとしても，中央財政の一般予算から

支出されたが，地方環境行政の組織予算は長年にわたって排汚費を財源にしてきた。2003年の排汚費制度の改正によって，それまで排汚費の20％を地方環境行政の能力建設に充当できるという規定を撤廃し，地方財政への一般予算化を定めた。しかし大連市や寧波市の実態調査でみるかぎり，それは建前に過ぎず，依然として排汚費の徴収規模が地方環境行政の組織予算規模を左右することが明らかになった。

　排汚費は，汚染対策が進めば徴収規模が縮小してしまうため，財源としての安定性に欠けており，安定的な財源を必要とする一般行政経費の財源としては向いていない。また，地方の環境取締部門は排汚費の徴収ノルマを達成し，より多い排汚費を徴収するために，汚染排出行為を故意に見逃すケースすら発生しうる。1999年からオンライン・モニタリングシステムの普及を始めてから，大連市ではシステムを導入した企業と未導入の企業間の徴収基準を定める問題や，導入済み企業の徴収金が減少し十分な収入が見込めないケースが発生するため，実際の現場では恣意的な徴収基準の操作や作業実施における混乱が行政を悩ましている[11]。

　1982年に排汚費制度が整備され，当時の国家財政の財源不足問題を背景に，暫定的な措置として，排汚費徴収金の2割を地方環境行政の管理能力の建設財源として認め，また排汚費の徴収権限もそれぞれが所管する地方環境行政に一任した。その結果，暫定的な措置のはずの仕組みが，2002年の条例改正に至るまで延々と続き，実質上半恒久的な措置として位置付けられてきた。このような仕組みは，上述したような弊害をもたらしたほか，地方環境行政と汚染企業間の闇の取引の温床となった。これは排汚費徴収制度を強化するどころか，財源保持のために汚染を見逃すという現象が発生するなど，多くの国民の不満や批判を招いた（張坤民 2008）。

　表3.5に示された「その他」は，明確には地方環境行政の予算財源と

　11　2008年2月の大連市環境保護局の実務担当者へのインタビューに基づく。

表 3.5　排汚費の収支（単位：億元（%））

年数	総収入	総支出		汚染源対策		その他		設備購入		残高
1983	6.2	4.2	(100)	3.4	(81)	0.5	(12)	0.3	(7)	2.0
1984	7.5	6.3	(100)	5.0	(79)	0.9	(14)	0.4	(7)	1.2
1985	9.2	7.9	(100)	6.2	(78)	1.1	(14)	0.6	(8)	1.3
1986	11.8	9.4	(100)	7.4	(79)	1.4	(15)	0.6	(6)	2.4
1987	14.1	11.6	(100)	8.8	(76)	2.1	(18)	0.7	(6)	2.5
1988	16.0	13.2	(100)	9.2	(70)	3.2	(24)	0.7	(6)	2.9
1989	16.7	13.2	(100)	9.1	(69)	3.3	(25)	0.8	(6)	3.4
1990	17.4	14.7	(100)	9.9	(67)	3.9	(27)	0.9	(6)	2.7
1992	23.9	19.7	(100)	12.8	(65)	5.8	(30)	1.0	(5)	4.3
1993	26.8	21.3	(100)	12.8	(60)	7.4	(35)	1.1	(5)	5.5
1994	31.0	23.9	(100)	12.3	(51)	10.1	(42)	1.5	(7)	7.0
1995	37.1	31.9	(100)	17.7	(55)	12.2	(38)	2.0	(6)	5.2
1996	41.0	39.6	(100)	23.0	(58)	14.5	(37)	2.0	(5)	1.4
1997	45.4	45.8	(100)	26.0	(57)	17.1	(38)	2.2	(5)	0.4
1998	49.0	48.6	(100)	27.2	(56)	19.1	(39)	2.3	(5)	0.4
1999	55.4	53.4	(100)	29.9	(56)	20.8	(39)	2.7	(5)	0.9
2000	58.0	61.4	(100)	35.7	(58)	22.5	(37)	3.1	(5)	− 3.4
2001	62.2	59.8	(100)	32.4	(54)	24.5	(41)	2.9	(5)	2.3
2002	67.4	66.6	(100)	35.8	(54)	27.2	(41)	3.6	(5)	0.9
				累積残高						43.3

出所：中国環境統計年鑑（各年度版）に基づき筆者作成。
注：各年度の総収入がその年の支出項目の合計と一致しない場合がある。これは統計制度の不備等に
　　よって，特に「残高」の金額の統計が正確に把握できないなどの事情によるものである。

いう文言を使用しないものの，実質上は地方環境行政の財源だった。そ
して暦年の推移を観察した場合，約 20% 前後の水準，もしくはそれ以
上の水準で推移したことからも，それがもつ実質的な役割を推察するこ
とができる。また「残高」の推移から分かるように，このような予算構
造上のゆがみの中で，貴重な財源が環境保全のための資金として再投入
されることなく，他の事業に流用，留保されるなどの現象がたびたび発
生し，問題として指摘を受けた（張坤民 2008）。2008 年 3 月に行った寧
波市の調査では，寧波市は全国的にみた場合，比較的早い段階に，環境

行政予算の一般予算化を実現したが，その実態は 2003 年以降も排汚費徴収規模によって環境行政予算が制約されていることが確認された。[12]

このように排汚費を財源とする地方環境行政の予算事情は，本来強化すべきモニタリング能力の整備を遅らせてきたと考えられる。2006 年以降には最新型のオンライン・モニタリングシステムが普及される一方で，地方環境行政の汚染企業の排汚費徴収手段に対して，地方政府が政治的な阻害行為を依然として強く行使するケースがあると考える。

地方環境行政の人事権と組織予算の権限が地方政府の裁量権に左右される現行制度では，縦割り行政システムを通じて，国の環境保護政策の強い意思が政策指令として伝達されたとしても，地方環境行政は自らおかれた弱い行政的地位や財政的・人事的側面の不利な条件から，政策執行力の顕著な向上を望めないのが現状である。これは中国全体の環境政策の効果が一向に改善されない重要な要因の一つとなっている。

おわりに

分析の結果，以下のことが明らかになった。

まずは，2007 年の予算制度改革により，それまでの経費の性質による支出区分制度（投資的経費と経常的経費の区分）から政府機能別支出制度に転換し，中央財政および一部の地方財政では「環境保護支出」項目が設けられるようになった。しかし，明確な環境財政もしくは環境予算の定義がなされておらず，環境関連資金の統合的な予算制度がまだ整備されていない。そのために正確な支出規模や支出項目，政府間支出の分担構造は不明瞭な点が存在する。

次に，環境行政が制定する環境保護五ヵ年計画は国の経済社会発展五ヵ年計画に統合され，その指針の下で具体的な政策目標を提示する。

---

12 2008 年 3 月に実施した浙江省寧波市の実地調査に基づく。

しかし，環境政策の予算資金は国家発展改革委員会が定める特定プロジェクトの資金枠に基づいて財政部が優先順位を取り決める仕組みになっている。そのために環境政策の執行資金は国の財政状況のほかに，国全体の政策優先順位に影響されやすい。そもそも国全体としての予算執行効果の評価基準やシステムが不十分であることのほかに，予算枠の決定部門と予算執行部門，政策の立案および環境効果のモニタリング部門がばらばらに組織され，分散的に稼働するため，必ずしも政策目標どおりの予算執行が行われない。

　最後に，国有企業改革の進展に伴い，財政機能が従来の計画的配分機能から市場経済を補完する公共的機能へと転換しつつあるなかで，環境財政もその傾向を反映し，従来の主に国有企業を対象とした汚染源制御政策から林業，農業，水利，都市環境などの公共的領域の環境管理へとシフトしてきた。

第**4**章

環境保護投資における
環境財政の位置付け

はじめに

1973年から始動した中国の環境政策は，一貫して，都市部の環境汚染対策を中心とした県以上の工業汚染源制御を政策の主な対象としてきた（馬中等 1999）。その間，環境行政システムや環境法体系は主な政策課題として汚染問題に取り組む一方で，国の財政資金のほかに社会のさまざまな資源を動員してきた。その結果，環境汚染削減を政策目標とする環境保護投資[13]が貨幣的な規模と投資範囲において大きく発展した。

本章は，このような環境保護投資の財源と調達の仕組みに注目し，環境保護投資における環境財政の位置付けを正確に整理し，制度上の両者の関係が反比例的に変化していく実態を明らかにする。環境保護政策がスタートした当初は，財政資金が環境汚染対策の主な資金源としての役

13　本稿では，日本でよく使われる環境保全という用語ではなく，環境保護という中国で使用されている用語を採用する。なぜなら，現行の中国環境保護政策の実施内容は日本のようなアメニティの保全などを含んだ幅広い範囲を対象にしたものではなく，工業汚染源制御を中心としたより狭い範囲に限定されているためである。

割を果たしたが，その後の市場経済の浸透と発展に伴って，環境汚染対策の資金源が社会的な資金によって賄われてきた。つまり，投資資金の構造上，原因者や受益者の対策責任と費用負担が強化されてきた。

4.1 環境統計上の諸経費と 環境保護投資の概念

4.1.1 環境保護投資の概念と定義

環境保護投資の概念については，中国環境行政および環境統計体系の中に明確な指針のようなものが見当たらない。しかし，中国環境保護政策の具体的な執行プロセスと各時期の環境保護五ヵ年計画は密接な関係にある。環境保護の諸政策が各時期の五ヵ年計画の主な達成目標として反映され，緊急性や優先度の高い政策項目から順次投資が誘導されてきた。各時期のいずれの環境保護五ヵ年計画も，工業汚染源対策，都市環境基盤施設の建設および生態環境保全対策の3項目について必ず言及しており，政府や企業もそれに対応したさまざまな対策をとってきた。しかし，生態環境保全費用は現段階の環境保護投資の概念範疇から除外されている。

これについて，張坤民（2004）は，次のように述べている。早期に策定された国の発展戦略の中では，経済発展と環境制御の同時達成目標を掲げたものの，実際の政府部門間の財政的調整作業の中では，経済発展を優先しがちな他の政策部門と環境保護部門の間に，資金調達をめぐる厳しい交渉が行われた。環境保護部門としては，限られた財源からできるかぎりの資金調達を確保する必要があったため，「中国の環境汚染除去費用をあくまでも先進諸国の公害対策費用に当てはめて，取り扱うべき」（張坤民 2004）という方針を明確に打ち出し，それに沿う形で環境統計体系を整備してきた。そのために，第6次五ヵ年計画期間以降，政府と企業が生態環境保全のために行われたさまざまな投資実績があるに

もかかわらず，その費用はこの環境保護投資に勘定されてこなかった。

以上のような背景から，生態環境保全に関わる費用を分析の対象から除外し，環境保護投資の研究対象を工業汚染源対策と都市環境基盤整備の二つの項目に限定する。

4.1.2　中国環境統計上の諸経費と環境保護投資の概念

中国の環境統計はその内容からすると，環境保護五ヵ年計画の実施状況や達成度合いを反映するバロメーターであり，データの構成は各時期の五ヵ年計画の内容に大きく左右されている。

中国の環境保護五ヵ年計画は，国家第6次五ヵ年計画（1981～1985）期間から制定されたが，それが全国的に各部門および各地方政府，各大手国有企業まで本格的に普及されたのは，第8次五ヵ年計画（1991～1995）期間からである。1988年の行政改革を通じて，国家環境保護局が城郷建設環境保護部の所属機構から分離され，国務院直属機構に昇格し，その下部組織として地方環境行政が全国的に整備され始めた（李志東 1999）。その結果，第8次五ヵ年計画期間から環境保護五ヵ年計画[14]の策定と実行が全国で可能となり，環境統計も全国規模で集計できるようになった。中国環境状況公報は1989年度から，中国環境年鑑は1991年度から公表されるなど，本格的に環境統計が整備され始めた。

14　中国の国家発展計画には短期(1年)，中期(五年)，長期(10年ないし20～30年)の計画がある。中期の五ヵ年計画が発展戦略の基準目標であり，短期計画は五ヵ年計画をより確実な目標にするための裏付けであり，長期計画は基準五ヵ年計画期間の延長線上にあるその後の20～30年の発展ビジョンを示す計画である。国が策定した五ヵ年計画に基づき，中央から地方，企業まで，すべての部門において，各自の五ヵ年ないし年度計画を策定することが求められている。国家環境保護計画はその具体的計画の一つであり，短期，中期，長期のそれぞれの期間の計画と中央，地方，企業という各単位の計画が策定される。

表 4.1　汚染対策費用の分類

支出項目	政府部門	企業部門
資本支出	企業の既存汚染源対策費および新規汚染源対策費，都市環境基本整備支出	既存汚染源対策費，新規汚染源対策費
経常支出	行政管理能力建設費	新規汚染源対策の一部施設稼動費，期限付汚染除去費用

出所：中国環境統計年報，中国都市統計年鑑の各年度版をもとに筆者作成。

　現行の環境関連統計体系では，汚染対策費用に関する総括的なデータは整備されていないため，幾つかの関連統計から整理を行い，表4.1のような汚染対策費用の分類を行った。

　政府部門の資本支出項目は，企業の汚染源対策支出金と都市環境基盤整備支出の2項目に分けられる。前者は，国有企業の既存汚染源対策と新規汚染源対策に対する国家財政（中央財政と地方財政の両方）からの予算内資金の支出額である。国家財政からの支出は実質上の補助金であると考えられる。環境統計上は企業部門の資本支出項目の既存汚染源対策費および新規汚染源対策費に含まれる形式で算出されているが，後者は，都市部の都市燃料ガス，供熱，下水，公園緑化，環境衛生などの事業内容から構成される都市環境基盤整備の建設費用である。主として都市財政から支出される。政府部門の経常支出項目は，主に環境保護部門の行政管理能力，つまりモニタリング拠点の建設やそれに伴う機材など設備の導入，研究開発やモデル事業の実施および監督取締組織の整備などに必要な経費である。この支出について，環境統計では拠点の数や人員配置などで示され，貨幣的な表示にはなっていない。

　次に，企業部門の資本支出項目には，主に既存汚染源対策費と新規汚染源対策費が含まれ，その財源は概ね二つある。一つは，上述した政府部門の資本支出項目中の企業の既存汚染源および新規汚染源のための対策費用である。もう一つは，企業の自己調達資金および外資からなる。企業部門の経常支出項目では，主に新規汚染源対策として採用される三

54

同時環境施設の一部の運転維持費と，期限付汚染除去費の二つの項目である。既存汚染源対策の経常費用に関するデータは見当たらない。

　以上の汚染源対策費用に関する中国環境統計の傾向を総括すると，資本支出項目が明示的であるのに対して，経常支出項目が不明瞭という特徴が読み取れる。これは，経常支出には人件費など，それぞれの資本支出項目に対して分離して勘定することができない間接経費の存在にもよるが，各期間の環境保護五ヵ年計画が示した環境保護対策の投資面の達成目標が主に資本支出で計上されており，環境統計がその内容を反映できるように構成されたためであると思われる。

　また，企業部門の資本支出項目の既存汚染源対策の財源項目からは，政府の支出額と企業の負担額の構成比率を読み取ることができるが，新規汚染源対策の統計データからは，両者による費用負担の構造が不明瞭である。日本の場合，企業といえば通常私的企業を指すのが普通だが，中国の場合は，汚染源の企業形態がさまざまであり，国有企業の場合でも国の持ち株比率によって，国による介入度合いが異なってくる。そのため，環境統計上で汚染源企業の所有制を明確にすることは，政府と企業の費用負担構造を解明するための一つの手がかりになる。

　その上，企業部門の経費項目について，すべての産業部門がその集計対象となるのではなく，工業と鉱業の両部門だけが対象となる。これは従来の汚染制御対策の重点が工業汚染源に置かれてきた政策的な経緯と一致する結果となる。そのため，現段階ではその他の産業の汚染源対策

15　三同時制度は1970年代初期に制定された制度であり，すべての新設，増設，改築を行う建設事業に対して環境保護施設の設計，建設，操業を，その主体工事の設計，建設，操業と同時に行わねばならないと規定した。ただ，すべての建設事業がこの対象になるのではなく，環境負荷を引き起す可能性のある建設事業だけに適用される制度である。張坤民（1994）はこの制度について汚染者負担原則を中国の実情に合わせて制度化させた中国初の環境政策であると述べている。

費について，少なくとも環境統計の諸数値からは把握することができない。したがって，現行の環境保護投資額の算定要素には，政府部門の資本支出項目の都市環境基盤整備と，企業部門の資本支出項目の既存汚染源対策費および新規汚染源対策費のみが算定対象として考慮されている。

4.2　環境保護投資の算定方式

　これまで中国の環境政策が主な制御対象としてきた工業汚染源は，概ね二つに分類できる。一つは，過去に政府が推進してきた産業政策によって，歴史的な負の財産として長年にわたって累積してきた既存汚染源（中国語は「老汚染源」）問題がある。この問題は都市部中心の重工業偏重の産業構造と石炭依存型のエネルギー構造および政府の非効率的企業運営とエネルギー対策の遅延などが要因となって深刻化してきた（小島麗逸等 1993；植田和弘 1995）。もう一つは，新しい経済開発や経済建設に伴って生成される新規汚染源（中国語は「新汚染源」）に伴う問題である。

　表 4.2 は，中国の環境保護投資の算定範疇を示している。環境統計上で示す環境保護投資規模は，工業汚染源対策投資と都市環境基盤整備投資の合計額であり，工業汚染源対策投資は，既存汚染源対策投資と新規汚染源対策投資の合計額から構成される（張力軍 2001）。

　工業汚染源対策の投資は，すでに述べたように，環境統計上の企業部門の資本支出項目（表 4.1）に該当する内容であり，工業の汚染防除費用である。既存汚染源対策費の集計対象は，環境汚染源対策事業また

表 4.2　中国環境保護投資の算定範疇

環境保護投資の概念	
工業汚染源対策	都市環境基盤整備
既存汚染源対策，新規汚染源対策	都市ガス整備，都市供熱システム整備，下水配管処理施設建設，園林緑化事業，生活ゴミ等環境衛生基盤施設整備，の5項目

出所：国家環境保護総局企画財務司「環境統計概論」2001 年 9 月（138-141 頁）から筆者作成。

は汚染防除施設の建設を行う企業，独立採算性の事業団体（中国語では「事業単位」）による資金投入である。新規汚染源対策の主たる集計対象は新築，改築，増築を行う建設事業に伴う三同時建設プロジェクトである。この項目の統計上の形式的な費用負担者は，鉱工業企業となる。計画経済体制下では，国の財政資金がこれらの国営企業の経営資金の提供者となっていたことから，当時の国営企業が負担した汚染対策費は，実質上は財政資金の割合が大きかった。1990年代後半の市場経済の浸透や国営企業の企業改革によって，財政機能は企業経営から分離され，国有企業が負担する汚染対策費は企業内部の経営資金から捻出するようになった。こうして2000年以降，企業の汚染対策費が大幅に増加する中で，財政資金の役割はその反対に大きく縮小した。

　都市環境基盤整備投資は，都市燃料ガス，集中供熱[16]（集中暖房供給サービス），下水処理，公園緑化，環境衛生などの5項目から構成される。都市開発計画に組み入れた都市住民の生活環境の改善や基盤設備の整備にかかる事業が対象とされた。政策の背景には二つの要因があると考えられる。一つは，過去の国の産業政策が生み出した都市への産業集積による公害問題，特に県以上の大中都市に現れた工業団地周辺地域の深刻な汚染問題への公共的ニーズが高まったことである。もう一つは，1978年以降の急激な都市化に伴って新たな都市環境基盤整備の需要が増加したからである（小島麗逸 2000）。事業主体は，各地方都市の建設主管部門および不動産開発事業者である。したがって，事業経費の投資資金は地方の都市財政と民間投資によるものである。公園緑化項目は，行政が管理する公営公園や街路樹以外に，団地や工場の敷地内の緑化率が都市開発関連法令や地方の都市園林建設条例などによって30％を下回らな

16　中国では，一般に地理的概念として北方と南方の境界線を秦嶺山脈－淮河を基準としている。冬季の集中暖房供給サービスは，この基準に基づいた北方地域の都市部の各家庭に11月から供給される。

い基準に定められている[17]。この項目の資金源は必ずしも地方財政資金ではなく，むしろ不動産開発事業者や工場経営者などによって負担されるケースが多い。

　具体的な項目は表4.3に挙げるが，中国固有の環境問題と発展段階の違いによる傾向が表れている。都市燃料ガスと集中供熱の項目は，1980年代後半，特に大中都市部に集中的にみられた工業生産（曲格平 1992）に加えて，各家庭における石炭を主要燃料とした炊事・暖房に伴う大気汚染の深刻さに対処するために始まった。

　1989年に公表された新しい環境保護5項目制度の中に，都市環境総合対策の定量的審査制度が盛り込まれ，その後の環境保護第8次五ヵ年計画期間から正式に都市環境基盤整備が投資指標として採用されるようになった。この二つの事業項目は，その頃から推進された都市住宅の公有制から私有制への改革の中で，都市住宅建設の団地化が進み，その建設事業とワンセットで都市ガス燃料の供給ラインと集中暖房供給ラインが拡充され，生活の利便性の向上と環境負荷の低減が図られた。そして受益者負担原則の下で，不動産開発計画に義務付けると同時に，不動産価格に上乗せする方式で，事業者と不動産所有者に費用負担をさせる仕組みを採用した。

　下水サービスについては，2005年時点の全国都市数が約666ヵ所に上るのに対して，整備された下水処理場がわずか約150ヵ所しかなく，投資的経費の支出の大部分が都市部の下水施設のパイプライン建設に占められた。公園緑化項目は，それまで怠ってきた工場生産と住民生活によって河川，公園，住宅周辺などで起きた廃棄物集積に伴う環境汚染問題を解決するために，植林，公園整備などの事業に支出された資金である。環境衛生項目については，下水サービスと同様に，都市数や都市人

17　2014年8月の内モンゴル自治区烏海市の砂漠化対策事業の調査を通して確認した。

表4.3　都市環境インフラ投資（単位：億元）

年度	投資総額	燃料ガス	集中供熱	汚水処理	園林緑化	環境衛生
2000	515.5	70.9	67.8	149.3	143.2	84.3
2001	595.7	75.5	82.0	224.5	163.2	50.5
2002	789.1	88.4	121.4	275.0	239.5	64.8
2003	1,072.4	133.5	145.8	375.2	321.9	96.0
2004	1,141.2	148.3	173.4	352.3	359.5	107.8
2005	1,289.7	142.4	220.2	368.0	411.3	147.8
2006	1,314.9	155.1	223.6	331.5	429.0	175.8
2007	1,467.8	160.4	230.0	410.0	525.6	141.8
2008	1,801.2	163.5	269.7	496.0	649.9	222.0
2009	2,512.0	182.2	368.7	729.8	914.9	316.5
2010	4,224.2	290.8	433.2	901.6	2,297.0	301.6
2011	3,469.4	331.4	437.6	770.1	1,546.2	384.1
2012	5,062.7	551.8	798.1	934.1	2,380.0	398.6
2013	5,223.0	607.9	819.5	1,055.0	2,234.9	505.7

出所：中国環境統計年報（各年度版）から作成。

口の規模に比較して生活ゴミの最終処分場や焼却炉施設の数と規模が不足する中で，経費の大きな割合がゴミの収集と運搬費用によって占められている（金紅実 2002）。2013 年及び 2014 年の青島市の調査ではゴミ焼却炉の建設および運営については BOT を導入したため，行政はゴミ処理を民間会社に委託し，処理費を支払っている。また最終処分場や厨芥類廃棄物の処理場，堆肥工場などの建設費は，市の廃棄物予算の環境衛生項目からではなく，都市環境基盤整備事業の資金調達プラットホーム，つまり社会資本の投融資システムから調達する傾向が強い。

　現段階では，まだ多くの中国環境政策の分析の中で，環境保護投資総額＝工業汚染源対策投資（＝既存汚染源対策投資＋新汚染源対策投資）＋都市環境基盤整備投資，の算定方式を採用している（曹東等 2003；王金南等 2003）。そして，環境保護五ヵ年計画の環境保護投資目標の資金源における財政資金の割合は著しく縮小した。都市環境基盤整備事業においては，今後の生活廃棄物の処理量の増加やゴミ焼却主義の推進などの

政策動向を勘案すると，地方都市財政の環境衛生項目の規模が大幅に増加すると予想される。

4.3　国家五ヵ年計画における環境保護投資

　前述したように，中国は限られた環境保護投資の財源をより確実に調達するため，第6次国家五ヵ年計画期間から環境保護五ヵ年計画を策定し，環境保護政策の目標と指標を国家五ヵ年計画に組み入れることで，経済発展と環境制御を同時に達成すると同時に，環境資金を経済開発資金計画から確保しようとした。

　表4.4および表4.5は，各五ヵ年計画期間の環境保護投資水準を表している。

　1973～1981年の間の環境保護投資は約5.04億元であり（張坤民1992），その後は，必要な環境汚染制御に十分な額ではないが，年々着実に増加する傾向をみせている。第7次五ヵ年計画期間までは，地方環境行政が完備されていない状況の下で，五ヵ年計画を具体的に裏付ける執行策として各年度の環境保護計画を策定することができなかった。そのため，十分な資金調達ができず，投資水準が約477億元しかなかった。これは当年GDPの0.6％前後の水準であった。第8次五ヵ年計画期間の1992年から，環境保護五ヵ年計画の制定を全国的に実施し，地方の国民経済社会第8次五ヵ年計画に環境保護投資計画を組み入れるように義務化された。その上で各年度の環境保護計画の執行を強化したため，第8次五ヵ年計画期間からは環境保護投資額が急速に増大した。この期間の環境保護投資総額は第7次五ヵ年計画期間の2.6倍に拡大し，対GDP比は約0.7％であった。

　第9次五ヵ年計画期間中は，4500億元の具体的な投資目標を打ち出すと同時に，国の財政的投融資支援および外国金融機関などの投融資政策の支持を得て，いっそう拡大した。この期間は第8次五ヵ年計画期間

60

表 4.4　各五ヵ年計画期間の環境保護投資水準（単位：億元）

計画期間	都市基盤整備投資	既存汚染源対策投資	新汚染源対策投資	合計	対 GDP 比率（％）
「6.5」期間 （1981 ～ 1985）	−	86.9	−	−	−
「7.5」期間 （1986 ～ 1990）	153.7	195.7	128.1	477.5	0.6
「8.5」期間 （1991 ～ 1995）	477.6	375.7	374.3	1,227.6	0.7
「9.5」期間 （1996 ～ 2000）	1,807.2	724.1	866.2	3,397.5	0.9
「10.5」期間 （2001 ～ 2005）	4,883.9	1351	2,160.2	8,395.1	1.17
「11.5」期間 （2006 ～ 2010）	11,319.9	2,418.4	7,884.8	21,623.1	1.42
「12.5」期間 （2011 ～ 2013）	13,755.1	1,794.6	7,767.3	23,317	0.72

出所：中国環境統計年報（各年度版）に基づき作成。
注：2000 年以前の既存汚染源対策投資額は，県以上の数値を採用しており，徴収された排汚費から支出
　される環境保護補助基金も県以上の数値を採用した。排汚費について中国環境年鑑では，県以上の
　数値と郷以下の数値を加えた二つの数値が示されている。2000 年以前の環境統計では，郷以下の郷
　鎮企業の集計範囲が不明確な上，環境統計の集計が県以上の汚染企業を対象に行っていたため，郷
　以下の排汚費数値は非常に小額であり，その金額を本章の分析範囲から除外しても分析結果に重大
　な影響がないと判断した。そのため「8.5」「9.5」期間の環境保護投資額が，他の文献よりやや少な
　い場合がある。

　の 2.8 倍の約 3400 億元に達し，当年 GDP の約 0.9％水準となった。そ
して 1999 年には対 GDP 比率が初めて 1％を超えることになった。

　第 10 次五ヵ年計画期間はその総額が 8300 億元を超え，この期間の五ヵ
年投資達成目標である 7000 億元をはるかに超えた。第 11 次五ヵ年計画
期間の環境保護投資目標は約 1.4 万億元に設定され，同時期の目標 GDP
の約 1.4 ～ 1.6％を期待された（周健 2005）。実際の結果は，総投資額が 2.1
万億元を超え，同時期の GDP の 1.42％に達した。

　しかし，このような環境保護投資の増額傾向は必ずしも予期された環
境効果を確実に保障するものではなかった。現に第 10 次五ヵ年計画期
間中，重化学工業を中心に第二次産業の比重が拡大したこともあって，
環境保護投資の規模が増大したにもかかわらず，制定された環境目標を
達成できず，第 9 次五ヵ年計画期間に比べて後退傾向が現れた（王夢奎

第 4 章　環境保護投資における環境財政の位置付け　61

2005)。

　その理由については以下のとおりに考えられる。一つは汚染の深刻度合いに対する対策水準の不十分さである。経済の高度成長が社会全体の汚染物質の排出量を増加させる中で，これに対する汚染対策が十分でなかったため予期された環境効果が得られなかった。二つは経常費用の不十分さである。実際の統計作業の中で経常費用の確定作業が技術的に難しい側面がある一方で，汚染対策費用を資本支出のみで考慮している現況は，投資された汚染防除施設が経常費用の不足のために正常に稼動できない中国の実態を反映している。このほかに施設の技術的能力もその稼動率に影響を与えた。

　このような現実の打開策とも捉えられるように，第11次五ヵ年計画期間には約束型の省エネ・汚染削減指標が明記され，それまでのエネルギー多消費型，もしくは環境負荷型の発展モデルを転換させるための試みがなされた。

　以上の中国の環境保護投資体制の特徴を総括すると，すでに述べた内容のほかに，算定の過大評価の問題と過小評価の問題を指摘できる。環境保護投資を公害対策費として捉えた場合，環境統計の算定数値が実際の汚染対策費用として支出された金額より大きい傾向，つまり都市環境基盤整備費用の中の非公害要素への支出内容が過大評価された傾向がある。また経常的支出を除外した算定方式は，汚染対策として実際に支出された規模より小さくする傾向を生み出している。この問題は，社会的，経済的な急激な発展と変化に伴う諸現象に，現行の環境統計体系が技術上または経験上の未熟さによって十分に対策できていないことを物語っている一方，中国環境統計の特徴として捉えることができる。

　環境保護投資の規模は，中国が公害問題を解決する重要な手段と政策のバロメーターとして位置付けられてきた。そのため，1990年代，および2000年以降は，財政資金の単一的な資金源から脱却し，社会資源を広く動員するための投資主体の多様性と財源の多元化を目指す改革を

表 4.5　環境保護投資規模の変化と水準（単位：億元）

年度	都市基盤整備投資	既存汚染源対策投資	新汚染源対策投資	合計	対 GDP 比率（％）
1981	–	14.5	–	–	–
1984	–	19.6	–	–	–
1985	–	22.1	–	–	–
1986	26.2	28.8	18.9	73.9	–
1987	27.4	36	28.6	92	–
1988	30.1	41.9	28	100	–
1989	30.9	43.5	28.1	103	–
1990	39.1	45.5	24.5	109	–
1991	55.8	59.7	54.6	170	–
1992	71.5	64.7	55.5	192	–
1993	106.3	69.3	74.9	251	–
1994	113.2	83.3	88.6	285	–
1995	130.8	98.7	101.3	331	–
1996	170.8	93.7	143.7	408	–
1997	257.3	116.3	128.9	503	0.70
1998	338.9	122	142	603	0.80
1999	478.9	152.7	191.6	823	1.00
2000	561.3	239.4	260	1,061	1.07
2001	595.7	174.5	336.4	1,107	1.01
2002	758.3	188.4	389.7	1,363	1.14
2003	1,072	221.8	333.5	1,627	1.20
2004	1,141.2	308.1	460.5	1,910	1.19
2005	1,289.7	458.2	640.1	2,388	1.31
2006	1,314.9	483.9	767	2,566	1.22
2007	1,467.81	552.4	1,367.4	3,388	1.36
2008	1,801	542.6	2,146.7	4,490	1.49
2009	2,512	442.5	1,570.7	4,525	1.35
2010	4,224.2	397	2,033	6,654	1.67
2011	3,469.4	444.4	2,112.4	6,026	1.28
2012	5,062.7	500.5	2,690.4	8,254	1.59
2013	5,223	849.7	2,964.5	9,037	1.59

出所：中国環境統計資料滙編（1980 ～ 90），中国環境年鑑（各年度版），中国環境統計年鑑（各年度版）
　　に基づき筆者作成。

第 4 章　環境保護投資における環境財政の位置付け　　63

重ねてきた（金紅実 2008）。またその改革を可能にしたのは国有企業改革であり，それに伴う市場経済体制の浸透である。

　その結果，中国が汚染源対策費用の費用負担理論の根拠として導入していた PPP 原則が具体的に適用されるようになり，環境保護投資における政府の機能を汚染源対策への投資事業から徐々に撤退させ，都市環境基盤整備や広域汚染制御などのインフラ整備事業へシフトさせた。

おわりに

　中国が経済改革政策を実施して以来，政府企業間の財政体制の改革と市場化経済体制の導入を改革の車輪に例えるなら，中国環境保護政策の発展は，その中の小さな歯車といえる。汚染源対策投資における財源面の多元化と投資主体の多様化は，環境保護政策それ自体の成果として捕捉できる一方で，財政改革と市場経済の進展に大きく左右された結果でもある。このような変化により，1980 年代には汚染者負担原則（PPP）の適用が困難だったものが，財政制度上は可能となった。次章でも述べるように，汚染源対策は制度の整備だけでは政策目標を実現するのが難しい課題である。

第**5**章

汚染源制御における
中国的ＰＰＰの意味

はじめに

　汚染者負担原則（Polluter Pays Principle, 以下 PPP）は 1972 年に OECD により提唱され，その後，各国における環境汚染対策の費用負担原則として広く受け入れられた。中国も環境行政をスタートさせた 1970 年代の早い段階からこの理念を導入し，環境汚染対策費用の負担原則として位置付けた。

　中国環境政策における PPP の理論的根拠とそれに関連する法的制度については，直接 PPP に言及したものに限定しても，すでに多くの研究がなされている。

　王金南（1997）は，計画経済体制と移行期経済体制の下で外部不経済が発生する要因を計画の失敗として捉え，政府介入の失敗と計画の失敗との間には密接な因果関係があると指摘した。彼は PPP を具体的に適用する手段として中国の排汚費制度を位置付け，ピグーによる環境外部性の内部化理論をその理論的根拠としている。そのほかに，梁秀山（2001），竹歳一紀（2005）および桜井次郎（2005）などの先行研究でも，中国の排汚費制度を中心に据えている。

これらの先行研究は，中国における PPP の適用とは実質上排汚費制度を指すとして検討している。本章では，従来の研究成果を踏まえつつ，中国の環境政策における PPP の内容とその具体的な適用について，より網羅的に分析し，その中国的特徴を明らかにする。

5.1　OECD の PPP と中国の PPP

中国は，OECD の PPP を「汚染した者が除去する」（中国語は「誰汚染誰治理」）原則と解している。桜井次郎 (2005) は，「誰汚染誰治理」を「汚染者負担原則」ではなく，「汚染者除去原則」と訳している。彼は中国の排汚費制度を検討する中で，中国の「誰汚染誰除去」原則は汚染者の排出基準違反行為に対する義務履行を促す仕組みに過ぎず，日本の大気汚染防止法や水質汚染防止法のような強力な履行強制力が伴わない，と指摘した。中国語の「治理」という文言からも，「汚染者除去原則」の方がより妥当性があるようにみえる。これまで実施された中国の汚染対策費用の負担実態を検討してみると，OECD の PPP や日本の PPP とは異なる側面と同時に，同質的側面をも持ち合わせていることが分かる。

OECD と日本，中国の PPP の共通点と違いを明らかにするために，三者が対象としている費用負担の範囲を整理すると，表5.1 のようになる。

三者の間には，汚染費用負担の責任を直接的な汚染排出行為者である汚染企業に負わせるという点で理念的な共通点が存在する。しかし，具体的な実行過程においては相違点がみられる。ここで特に指摘したい点は，一つは，汚染企業が負担する具体的な費用範囲の違いであり，もう一つは，適用される企業所有制の違いである。

表 5.1 に示したように，1972 年に OECD によって提唱された PPP は，過去に発生したダメージ救済費用とストック公害対策費用を汚染者の費用負担の範囲として想定していない。汚染源コントロール費用のみである（永井進 1973）。

表 5.1　PPP の費用負担範囲の比較（中国，OECD および日本）

	汚染源コントロール費用	ダメージ救済費用	ストック公害対策費用
OECD	○	×	×
日本	○	○	○
中国	○	×	△

注：○は「含む」，×は「含まない」，△は「一部含む」を意味する。

　日本では，OECD の提唱に先行して 1960 年代末から汚染者負担原則を国内で実施した。都留重人（1973）は，PPP によって汚染者が負担すべき費用を防除費用，ダメージ救済費用，ストック公害対策費用，監視測定・公害行政などの間接費用，の四つに区分した。日本の PPP は，社会的公平性を考慮しており，適用された費用負担の範囲も単なる汚染除去責任に留まらず，OECD の PPP よりも幅広い。つまり，都留重人が示唆したように，汚染防除費用以外に，健康被害補償のようなダメージ救済費用や，土壌汚染の原状回復費用のようなストック公害対策費用をも含む内容である。

　中国の PPP は，1972 年の OECD による PPP の提起を受けてはいるが，自国の実情に合わせて導入された。汚染費用の負担範囲は，OECD の防除費用に近く，既存汚染源と新規汚染源を問わず汚染源コントロール費用が主な内容である。その上に，中国独自の政策である「期限付除去対策」を実施しており，汚染状況が深刻な企業に対して期限内の除去，操業停止，工場閉鎖，他の企業との合併，生産転換などの義務化を強制的に実行した。これは居住環境や河川・公園などの周辺環境に対して深刻な環境負荷をもたらしてきたストック汚染を汚染者に除去させるという政策的内容からして，日本の PPP と同様に，ストック公害対策費用が，その中に一部含まれる。しかし，健康被害補償を含む社会的ダメージ救済費用については，汚染者の負担対象にすることは政策的には保証

されていない。このことは現行の中国環境統計の企業支出金項目の中に，関連データがまったく反映されていないことからも裏付けられる。汚染者負担原則を確立した当時の中国は計画経済体制であり私有権の概念は浸透しておらず，環境意識は弱く，健康被害補償などへの認識は低かった。そのため，環境被害補償に対する社会的要請が強く働くことはなかった。[18]

　中国の PPP は，OECD の PPP や日本的 PPP が対象にする費用負担の範囲については違いがあるが，汚染者に汚染費用を負担させる点では共通する。しかし，PPP の執行過程を通じた汚染費用の最終的な負担者は大きく異なる。その最大の理由は PPP を適用させる企業の所有形態にある。

　OECD の PPP が想定する企業は，市場経済下の私企業であり，またそうであるがゆえに PPP を徹底するためにこれらの企業への補助金を原則的に禁止した。日本的 PPP は，特定の汚染源対策に対して補助金や優遇税制措置などを併用したが，PPP が想定した企業対象は同じく私企業である。つまり OECD の PPP も日本の PPP も，汚染源対策費用の負担者は汚染排出行為を行う私企業であることを想定しており，それゆえ国の租税やその他の財源による負担行為は基本的に行わないこととしているのである。

　しかし中国の PPP は，当時の最大の汚染排出者が国営企業であったため，建前上は企業負担の形式を採ったとしても，実質的な汚染源費用の負担者は国家財政であった。また当時の計画経済体制の実情に合わせて国営企業の企業運営計画の中に，三同時政策や技術改造事業などを組み入れることで，企業の汚染源対策費用を捻出してきたのである。いい

18　その後急速な経済成長を背景に，私的所有権が導入されるとともに，環境意識や健康被害補償問題への社会的注目度が高まっている。今後より広い補償内容を汚染企業に対して求める政策的な措置が検討されることになろう。

かえると，当初の中国的 PPP は，汚染者である国営企業に費用負担を
させたのではなく，政策的な計画を通して汚染源対策費用を捻出する方
法として運用されたのである。これは，OECD の PPP や日本の PPP が
想定した企業の汚染対策費用の負担原則とは異なり，日本の PPP が実
施した特定汚染源への特定補助金の適用実態とも異なるものである。

中国の PPP「誰汚染誰治理」は，汚染者が除去責任を負う以上，そ
の除去費用も汚染者が負担するものと解釈されるべきである。しかし，
長年にわたってこの原則の導入にあたって，誰が負担すべきか，どの費
用を負担すべきか，の問題については制度上必ずしも明確ではなかった。
これは中国特有の経済制度の特徴と体制改革の進展度合いから生まれた
諸制約によって，負担原則の明確な政策指針を決定することが困難だっ
たためでもあろう。

中国の PPP を適用した当時は，計画経済体制のもとで国営企業が適
用対象となり，国家の財政的コントロールによって汚染対策費用の実質
的な負担者は国家財政であった。その後の国有企業の改革や財政制度の
改革，および市場経済の漸次的な進展に伴い，国有企業の経営自主権
のみならず，財政的自主権の拡大にともなって，国有企業自身の汚染対
策費用の負担の割合が増加していった。1995 年までは企業全体の汚染
対策費用に国家財政の占める割合は 7 割以上もあったが，2000 年以降，
国有企業の別会計体系の実施と非国有企業形態の急速な成長に伴い，国
家財政の比率が急速に減少し，2004 年には 18.5 ％まで（金紅実 2008）縮
小している。これは，中国の PPP が企業改革をはじめとする一連の改
革の中でその性格が変化してきたことを意味する。

5.2　中国的 PPP の適用過程

上述したように，中国の PPP は，OECD の PPP と理念的には共通す
る点がありながらも，中国社会に適用させる過程では，社会的経済的諸

条件の違いが大きかったことから，その執行過程には大きな相違点がみられた。以下では，中国における PPP の適用過程を概観する中で具体的な特徴を整理する。

　OECD の PPP を具体的に適用する代表的な手段として排出課徴金制度が含まれていたことから，これまでの先行研究では，中国の排汚費制度を当然のごとく中国の PPP として議論してきたきらいがある。排汚費制度は，汚染削減目標を達成するための環境政策手段であると同時に，逼迫した環境財政の資金を調達するための手段でもあった。中国国内の政策の中には，このほかにも企業内部からの汚染対策費用の調達手段としてさまざまな取組があったにもかかわらず，PPP に示唆された適用手段に当てはまる形式ではなかったため，あまり注目されなかった。

　1972 年，ストックホルムで開かれた国連人間環境会議をきっかけに，中国では環境汚染対策を正式な政務として位置付け，環境行政管理体制をスタートさせた。そして環境汚染問題に対処するため，当時の OECD によって提唱された PPP をいち早く取り入れ，国内政策の中で位置付けた。

　1973 年に公布された国務院の「環境保護と改善に関する若干の規定（試行）」では，新規汚染源対策として三同時政策を発表した（解振華編 1997）。つまり，それは新築，増築，改築を行う新規建設プロジェクトの設計，建設，操業が，環境保護施設の設計，建設，操業と同時に行わなければならないという規定である。三同時政策は環境汚染の未然防止費用を汚染企業の建設コストに内部化させた中国最初の PPP の適用形式ともいえる。

　1970 年代後半には，OECD の PPP を中国の実情に合わせてアレンジした汚染者負担原則が定着し始めた。1979 年に施行された「中国環境保護法（試行）」（以下「試行法」と称する）の第 6 条第 2 項では，「すでに環境に対して汚染またはその他の被害をもたらした組織（中国語で「単

位」）は，『誰汚染誰除去』原則に基づき，計画を策定し，積極的に汚染処理を行い，または主管部門に報告し生産内容の変更もしくは工場移転の許可を得なければならない」と法律上初めて汚染者負担原則について言及した。このほか，試行法の第6条1項では三同時政策について，18条2項では期限付除去対策について，18条3項では汚染排出に対する課徴金徴収政策について，それぞれ明確に規定し，政策の法的根拠を与えた。この3項目は今日においても企業の汚染対策およびその費用負担に関して重要な内容を構成する。

1981年の国務院「国民経済調整時期の環境保護政策の強化に関する決定」では，「工場企業および部門は汚染者負担原則に従い，汚染除去の責任を着実に履行しなければならない」（国家環境保護局 1997）と明記した。

1982年に国務院「排汚費徴収に関する暫定弁法」が公布され，試行法で定められた排汚費制度の執行方法や権限および徴収方法，資金運用方法などの具体策が規定されることで，全国的な規模で急速に実行されていった。

1983年の国務院「技術改造における工業汚染防除対策に関する若干の規定」および1984年の国務院「環境保護政策に関する決定」の中で，国は「既存企業は，国務院の『技術改造における工業汚染防除対策に関する若干の規定』を真面目に執行し，各級経済委員会，地方関係部門および企業は毎年の技術改造資金の7％を汚染除去に投入すべきである」と定めた。

1984年の「環境保護資金チャネルの規定に関する通知」では，8項目の環境保護資金ルートを確定した。その中には新増改築を行う新規プロジェクト事業者の三同時原則に基づいた環境保護施設の建設費用の義務化や，各級地方政府の経済委員会と地方関係部門および企業部門が所管する企業の技術改造事業資金の7％を汚染対策資金として支出すべきという規定や汚染排出者に対する排汚費徴収の義務化，企業の三廃（廃水，

第5章 汚染源制御における中国的ＰＰＰの意味 71

廃気，固形廃棄物）総合利用の利潤留保資金を環境汚染対策に再投入する規定，などによって企業に対して汚染対策費用の支出項目をいっそう明確にした。

曲格平（1989）は，試行法の中で言及された「誰汚染誰治理」原則とOECDにより提唱された「汚染者負担原則」が政策内容上概ね同じであると指摘している。そしてこの政策の導入背景には，急速な経済発展に伴う環境汚染の深刻さと国の環境財政の財源不足の問題を抱えていたため，国家財政という単一の資金ルートから資金源の多元化を図る必要があったほか，企業や各部門，地方政府における汚染防除責任の隠蔽体質を改善する必要があったと指摘している。

このように，中国のPPPは，OECDのPPPや日本のPPPと異なる性質をもっている。後者は市場経済下の私企業を想定した理論であり，企業の経済活動による汚染対策コストを企業に負担させることとし，政府補助金の併用を原則上禁止した。しかし，中国のPPPは，建前上は企業の除去責任と費用負担責任を原則としながらも，少なくとも導入された当時の経済体制下では，国営企業から支出された汚染対策費の実質的な財源は国家財政資金であった。

このような経済体制の相違性によって，中国におけるPPPの適用は制度的に困難な側面があった（植田和弘1988）。その結果，中国のPPPは，特に執行段階においてOECDのPPPや日本のPPPとは異なり，実質上国家財政による全面負担もしくはその負担割合が大きかった。それだけではなく，三同時政策や企業技術改造事業の事業計画に組み入れるという中国独自の適用形式もみられた。当時の政府の財政的経営的なコントロールの下で，企業の汚染対策行為をコントロールする有効な手段として，三同時政策や技術改造資金のように，基本建設事業の建設計画に組み入れる政策は，計画経済体制があるがゆえに可能であった制度であり，中国の実情に合致する側面があるといえる。

1988年の国務院「汚染源除去特定基金の有償使用に関する暫定弁法」

の実行は，それまでの排汚費制度が無償交付政策であったのを一部有償
貸与制度へと転換させた。具体的な政策案の融資条件には企業に対す
る自主資金調達率が定められたため，その規定よってそれまで非常に低
かった財政外の汚染対策財源が拡大していった。

　1989 年に改正された「中国環境保護法」では，汚染企業に対する期
限付汚染除去義務や三同時環境保護施設の建設義務，企業の技術改造事
業における環境汚染対策義務，そして排汚費制度など，それまで実行し
てきた政策に明確な法的な位置付けを与えた。

　1990 年の国務院「環境保護政策のさらなる強化に関する決定」では，
それまで工業企業に適用してきた PPP の適用範囲を拡大し，「開発した
者が保護し，破壊した者が回復し，利用した者が補償する」という中国
特有の費用負担原則が打ち出された。

　その前後に，中国では「中国環境保護法」を頂点とする，大気，水，
固形廃棄物，騒音などの汚染防止除去に関する個別の法律が整備され，
全国範囲の政策執行と汚染企業の管理強化および除去責任強化対策，汚
染排出基準達成目標などの諸政策の実施を可能にした。

　国家環境保護第 10 次五ヵ年計画（2001 ～ 2005）の計画期間からは，
汚染源対策投資における政府部門の投資責任範囲と企業の投資責任範囲
が明確に区別（国家環境保護総局 2002）されるようになった。PPP が適
用された当時とその後の長い期間にかけて，理念と執行実態の間には大
きな乖離があったが，1990 年代後半における国有企業改革の進展と市
場経済の発展にともなって，私企業を想定した OECD の PPP や日本の
PPP と共通する部分が多くなった。

　以上で検討してきたように，中国の PPP の適用過程と発展プロセス
から，その適用形式は必ずしも OECD の PPP に示唆される排出課徴金
制度である排汚費制度だけではなく，そのほかにも中国の実情に合わせ
て実施した三同時政策や技術改造政策および三廃総合利用の利潤留保政
策，期限付除去責任政策などが存在することが確認された。そしてその

適用方法は，企業の基本建設事業の建設計画の中に資金捻出を組み入れるという，いわば計画的手段が採用されていた。また汚染源対策費用の負担実態が国有企業においては，少なくとも 1990 年代の前半までは国家財政による負担比率が大きかったことも明らかになった（表 5.2 を参照）。

5.3　中国的 PPP の具体的な実施形式

　中国的 PPP の発展過程から明らかになったように，その適用形式は概ね三つに分類することができる。一つは，排汚費制度であり，もう一つは，三同時制度や技術改造事業における環境汚染対策，および三廃総合利用利潤留保政策のような中国独自の形式である。これは企業の汚染対策費用を企業の基本建設計画に直接に組み入れることで，経済開発資金の中から汚染対策資金を調達しようとする政策的な試みとして捉えられる。この形式は OECD の PPP や日本の PPP とは異なる，中国の実情に合わせて生み出された中国的な PPP といえる。三つ目は，期限付汚染除去費用のような適用方式である。つまり，上記の基本建設資金に組み入れる方式ではなく，特定の汚染源対策資金として企業がその負担責任を負わされる形式であり，本来の OECD の PPP に近い。

　曲格平（1992）は，1970 年代から中国の環境行政が始まって以来，外国の環境管理思想を吸収し，それに自己の実践経験を加え，以下のような環境経済的な原則が次第に構築されたと述べている。第一は，予防を主とした新規汚染源の厳格な発生防止原則であり，第二は，技術改造事業のプロセスの中で環境問題を制御する原則であり，第三は，汚染者が防除費用を負担する原則であり，第四は，新規汚染源と既存汚染源を区別して対処し，新規汚染源については既存汚染源より厳格に対処する原則である。第五は，汚染除去行為に対して一定の経済的優遇措置を実施する原則であり，第六は，都市部の総合的制御を通じた集中的な汚染制

御原則である。

曲格平は，これらの資金調達手段が直接 PPP に当てはまるかどうか
について明言していないが，第一の新規汚染源の予防対策とは実質上の
三同時政策を指しており，第二の技術改造事業の環境対策とは既存汚染
源対策として実施された国有企業の技術改造事業資金に組み入れられた
環境汚染除去対策を指している。第三の項目では，汚染者が汚染除去費
用を負担する原則を明言しており，建前だけかもしれないが，経済的原
則として企業内部の資金源から汚染対策費用を捻出させるための制度づ
くりとして構想されていたことが分かる。しかし彼はどの著作において
も，真正の費用負担者をどう確定すべきか，費用負担の範囲をどう確定
すべきか，という問題について明確な政策指針を示さなかった。

張坤民（1994）は，PPP が中国の環境経済政策の基礎を成したと指摘
している。その具体的内容として，以下の四つの措置を取り上げている。
第一は，企業の技術改造事業と結び付けた工業汚染防除対策である。こ
の政策では企業の技術改造事業資金の 7％を汚染防除対策に投入するよ
うに義務付けた。第二は，資源浪費が顕著であり，市民生活に影響を与
える汚染状況が深刻な企業の期限付汚染除去義務制度である。この制度
により，汚染企業は期限内に汚染除去を実行しなければ，閉鎖，操業停
止，合併，生産転換，移転などの厳しい処分を受ける。第三は，排汚費
制度の実行である。価格機能を活用する経済的手法により，汚染排出企
業に対して一定の環境費用を支払わせる制度である。第四は，生態環境
の補償費と環境税の徴収である。

第一の対策は，曲格平が述べた技術改造事業の資金源に組み入れた汚
染対策資金の調達手段であり，第二は特定の汚染源対策費用として企業
が負担した資金である。第三は排汚費徴収制度であり，第四は中国独自
の PPP の発展形式である。

上述したように，1990 年に中国ではそれまで工業企業の生産活動を
対象にしていた PPP の適用範囲を拡大させ，企業による資源開発や利

第 5 章　汚染源制御における中国的ＰＰＰの意味　75

用行為に対して「開発した者が保護し，破壊した者が回復し，利用した者が補償する」（中国語で「誰開発誰保護，誰破壊誰回復，誰利用誰補償」）という，中国特有の費用負担原則を考案した。その結果[19]，1992年に内モンゴル自治区で環境資源補償費に関する試験的拠点を実施して以来，広西省，黒竜江省，山東省，福建省などで，鉱山開発事業や，自然資源利用活動に対して，生態環境補償費を徴収する政策を実施した。2005年に国務院が公布した「科学的発展観の実行に伴う環境保護強化に関する決定」と国家第11次五ヵ年計画の中では，生態環境保全に関する特別規定を設け，生態環境の開発行為に対して四段階の区域を規定した。つまり，適切な開発区域，重点的な開発区域，制約的開発区域，開発禁止区域である。この政策は生態環境補償システムという具体的な制度として官学共同の研究が進められ（国合会生態補償メカニズム研究チーム 2006），2010年以降は省域内の上流流域と下流流域間や省域間の上流流域と下流流域間の利益調整手段として実験的に導入されつつある（王朝才等 2013）。江蘇省や蘇州市などの一部の地域では生態環境補償に関する地方条例がすでに制定され，現在は国レベルの生態環境補償条例の制定が検討されている。

5.4　中国的 PPP の実施過程における問題点

　以上の分析で明らかになったように，中国の PPP は独自の適用形式と特徴をもっているが，他方では，以下のような問題点を指摘することができる。

　まず指摘されるべき点は，汚染者負担原則の明確な政策的指針が定

19　張坤民（1994）の資料データを引用した。この政策の実態について現段階の環境統計や環境政策関連資料から体系的なデータ収集ができない。したがって実施状況の不明点が多い。

まっていないことである。そのため法的枠組みにおける汚染者の責任所在や責任範囲の規定内容に明確さが欠けている。桜井次郎（2005）が指摘したように，中国の PPP は汚染者の排出基準違反行為に対する義務履行を促すもので，汚染者に対する徹底的な汚染源除去対策を義務化させた強力な法的強制力が乏しい仕組みになっている。開発の初期段階にある当時の中国国内の経済力や技術力，管理能力などの諸要因が，中国の PPP の執行効果に大きな影響を与えたと考えられる。計画経済体制下の国家財政と国営企業経営権および経営資金が一体的に国によって計画的に統括される経済体制上の阻害要素が，最も無視できない要因として考えられる。

　表 5.2 は，1980 年代および 90 年代，2000 年以降の既存工業汚染源対策費における財源項目である。既存汚染源対策総額は，①予算内基本建設＋②予算内更新改造＋③総合利用利潤留保資金＋④環境保護補助資金＋⑤その他および融資額，からなる。この五つの財源項目の具体的内容は，以下のとおりである。

　予算内基本建設資金とは，基本建設項目[20]に義務付けられた三同時環境保護施設の投資資金の中で，国家予算内の基本建設基金から交付されるか特定資金として交付される資金を指す。中央に所属する国有企業は中央財政から，地方に所属する国有企業は地方財政から交付される。

　予算内更新改造資金とは，既存企業が，企業の基本減価償却基金または予算内更新改造資金を財源に，企業内の技術改造[21]を行う際に使われる環境汚染低減対策費用を指す。これは国有既存企業の汚染源対策として考案され，企業内の技術改造を行う際に総投資額の 7％を下らない資金を汚染対策に充てることが義務付けられている。中央に所属する国有

　20　「基本建設」とは，生産能力の拡大または追加的投資効果を得るため，新改増築を行うプロジェクトまたは関連投資を指す。

　21　「更新改造」とは，既存企業または非営利組織が，既存固定資産の更新または技術改造を行い，または関連生産，生活設備の改造を行うことを指す。

企業は中央財政から，地方に所属する国有企業は地方財政からそれぞれ支出される。総合利潤留保資金とは，企業が工業三廃の総合利用から得た上納すべき利潤を5年間留保し，そこから次の汚染対策費用として支出される資金を指す。資源の再利用と企業の経済効果および環境効果の同時制御を目的に考案された制度である。環境保護補助資金とは，1982年に制度化された排汚費徴収制度により，徴収された排汚費の80％を環境保護補助資金として排汚費の納付企業へ無償交付する資金である。1988年の汚染源除去特定基金有償使用暫定弁法により，国がその一部から汚染源除去特定基金を設立し，銀行経由の一部有償貸与制に変更された。2003年の改革では，排汚費の全額を環境保護資金として使用するように変更した。2000年以前の環境統計では，排汚費の無償交付金と融資（有償貸与資金）を合わせて環境保護補助資金として勘定している[22]。

　融資およびその他資金とは，主に企業の自己調達資金を指す。具体的には汚染源除去資金（補助金）を貸与する際の自己調達資金や，その他の方法による銀行融資資金などがある。1990年以降は外資系金融機関による融資や援助資金も含まれる。

　2000年以降の既存工業汚染源対策投資の財源構成は，国家予算内資金（政府補助金＋環境保護特定資金（排汚費補助金）＋その他（企業自主調達））で示すことができる。

　国家予算内資金は，中央財政および地方財政を財源に支出された資金であり，2000年以前の項目分類の予算内基本建設資金＋予算内更新改造資金＋総合利潤留保資金，に相当する。

　環境保護特定資金は，排汚費徴収制度により作られた主に地方の環境保護特定資金であるが，2000年以前の環境保護補助資金に相当する。徴収後の排汚費はいったん地方財政の予算内資金として納入された

22　排汚費制度については，植田和弘・何彦旻（2008）を参照されたい。

表 5.2　既存工業汚染源対策の主な財源（単位：億元）

年度	予算内基本建設	予算内更新改造	総合利潤留保	環境保護補助資金	融資およびその他
1981	5.3	4.9	0.7	1.2	2.4
1983	3.0	4.6	0.5	3.0	3.5
1985	5.1	6.0	0.6	4.9	5.5
1987	7.7	9.9	1.1	6.7	10.6
1989	9.5	13.9	1.1	6.3	12.7
1991	14.0	17.2	2.1	10.2	16.2
1993	13.1	20.9	3.2	10.7	21.4
1995	24.8	28.6	4.6	10.3	30.4
1997	14.5	12.5	9.2	13.1	67.0
1999	7.4	16.4	8.6	13.2	107.1
2000	12.2	21.0	16.5	19.2	170.5

年度	国家予算内資金（政府補助金）	環境保護特定資金（排汚費補助金）	その他（企業自主調達）
2001	36.3	15.8	122.3
2002	42.0	14.8	131.6
2003	18.7	12.4	190.7
2004	13.7	11.1	283.3
2005	7.7	20.6	429.8
2006	15.5	14.2	454.2
2007	15.6	10.8	525.9
2008	13.6	8.8	520.0
2009	14.1	7.0	421.3
2010	15.1	4.9	376.9

出所：中国環境統計資料滙編（1980 ～ 90 年度版），中国環境年鑑（1991 年から各年度版），中国環境統
　　　計年報（各年度版）から筆者作成。
注：上記の数値は，2000 年以前の数値は県以上の数値を採用し，2000 年以降については一部郷以下の
　　数値が含まれる。

　後，再び汚染源対策費として補助または貸与されたため，この財源も地
方財政からの支出資金である。2003 年の排汚費徴収制度の改正により，
2004 年度からは中央にも中央環境保護特定資金項目ができた。
　その他の項目は，2000 年以前の融資およびその他の項目に相当する。
これは非財政部門，つまり企業の費用負担項目である。この項目には，
民間企業の自主調達資金以外に国有企業の自主調達資金も含まれると考

えられる。

2000 年以降は企業に対する PPP を強化し，企業の費用負担をいっそう明確化する動きがみられるが，環境統計には以下の問題点を指摘できる。現段階では国家財政と国有企業会計の統計体系は別々に算定されているが（駱暁強 2005），財政は国有企業への赤字補填や銀行融資事業の債務担保責任を担うなど，両者の財政的関係は依然として深い。それに加えて，国有企業の人事権を国務院傘下の国有資産管理委員会が統括するという点である。本来なら，国の環境政策の実現目標をノルマとして管轄する国有企業に課すことができていれば，どの体制よりも汚染源対策を確実に執行できると考えられる。しかし，長い間にわたって国の経済成長路線が環境保護政策より強い力を発揮してきたため，むしろこのような人事任命システムを通じて汚染源対策を手薄に済ませる人為的な操作ミスを避けられない仕組みでもある。

曲格平（1989）は，中国環境政策の制度設計の方向性を論じる中で，排汚費制度の価格機能が環境効果を発揮するには，汚染排出総量を基準にする規制方法が有効であることを認めながらも，当時の状況からは濃度規制がより中国の実情に合致するという考えを示した。また中国環境政策は中国の経済的技術的な実情に合った実行可能な政策内容を選択すべきという考えを示している。彼の見解から当時の PPP 導入には大きな政策的な妥協があったことが分かる。

市場経済の発展と国有企業改革の進展によって，企業の汚染対策資金における財政資金の役割を含め，PPP の法的枠組みの改革を行う必要があった。しかし，中国環境保護法は 1989 年に制定されて以来，2014年の改正に至るまで一度も軌道修正を行ってこなかった。

第二の問題点は，適用対象の狭さである。少なくとも 2000 年以前の PPP の適用範囲は，県以上の国有企業が中心で，都市部の企業に適用されてきた。2000 年以前の中国環境政策の制御対象が県以上，都市部中心に行われてきた経緯とも符合する（馬中等 1999）。その結果，広範

な農村部の郷鎮企業と都市部街道経営[23]の中小企業の多くが，この原則の適用対象からはずれた。

三同時政策は，政策を実施した1970年代初期は当時の国営企業を想定した政策だったが，その後の経済改革の進展に伴い非国有企業が急成長する中で，適用対象をすべての新規プロジェクトに拡大させた。しかし，長期間にわたり郷以下の地方環境行政の整備が遅れるという現実的な問題によって，事実上広範な農村地域の新規プロジェクトの三同時政策は有効に実行ができなかった。第10次五ヵ年計画期間の県級三同時プロジェクトの数が急激に増加しているが[24]，これは1998年の環境行政改革によって県級および郷級環境行政能力が強化された結果である。

技術改造事業における環境汚染対策は，1980年代初頭の国の産業政策の一貫として推進された既存国有企業の技術能力の改造事業の中に，環境汚染対策の義務化を導入したものである。そのため，当初から適用範囲が国有企業に限定された政策ともいえる。

2003年の改正以前の排汚費制度の徴収対象も，長い間，法規定上の曖昧さがあった。1982年の「排汚費徴収に関する暫定的弁法」の第2条では，「国家または地方が制定した汚染物質排出基準を超えて汚染排出を行う企業，非営利行政組織（中国語で「単位」）」と定めながら，企業の範疇に当時の個人工商企業が含まれるのかどうかについて，明確にしなかった。2003年の改正条文には，「環境に対して汚染物質の排出を行う組織と個人工商企業」と徴収適用対象を明記した。陸新元（2004）は，この問題が生じた原因について，1982年当初の計画経済体制の下，国営企業形態がほとんど占めており，その他の企業形態が少なかったからだと指摘した。王金南（1997）も，PPPが中国の環境政策に適用される過程で異なる所有制の企業間の不公平性を生み出したと問題視している。

23　中国の都市行政組織の末端組織である。

24　中国環境統計年報（2003年度版）の46頁の資料から確認できる。

当時の産業政策により郷鎮企業の育成が重要視され，結果として郷鎮企業などの私有企業は排汚費制度の適用範囲からはずれたと指摘している。したがって，2003 年改正における徴収対象の拡大は，PPP と市場公平性の原則および中国の市場経済の発展傾向に合致する措置である。

　このように，中国的 PPP の適用対象は，当時の中国の産業政策の方針や発展段階などの経済的要因，さらに環境行政能力の不備などによって，異なる所有制の企業間で不公平な適用方式が実施され，郷鎮企業および小規模の私有企業がその適用範囲から除外されてきた。これは，中国の環境政策の法整備状況および行政能力水準が，市場の公平性や社会的公平性の要請に十分対応できていない現状を反映している。

　第三の問題点は，この原則の適用産業が主に鉱工業であるという点である（金紅実 2002）。この点はこれまでの中国の環境政策の主要な制御目標が鉱工業の既存汚染源および新規汚染源の制御に置かれてきたことと関連している。具体的には，工業廃水，廃気，固形廃棄物および騒音などが主な制御対象だった。そのため，鉱工業以外の医療機関，建築産業および飲食などのサービス産業は，長期にわたり実質上この原則の適用から逃れてきた。

　この現象は特に固形廃棄物分野で顕著に現れており，固形廃棄物関連法の整備内容に反映されている。

　1996 年に制定された中国固体廃棄物汚染防除法は，固形廃棄物の概念を工業固形廃棄物と都市生活廃棄物に大別した。工業固形廃棄物には鉱工業から排出される一般無害性固形廃棄物と危険廃棄物が含まれ，都市生活廃棄物には生活ゴミのほか，医療廃棄物や建築廃棄物が含まれる。1992 年に公布された国家建設部の都市生活ゴミ管理弁法では，都市生活ゴミとは，「都市部の事業者，住民の日常生活および日常生活に提供される各種のサービス産業から発生した廃棄物，および建築作業活動から発生した廃棄物」を指すと規定している。問題となるのは，都市生活ゴミの処理責任と費用負担に関する都市財政と排出企業の法的責任

の範囲が不明確であるという点である。固形廃棄物の法整備が始まった1990年代初期は，都市部の医療機関と都市建設業のほとんどが都市行政や国有企業によって運営されていたことから，財政の負担責任と排出企業の負担範囲の確定作業に困難な側面があったと考えられる。しかしその後医療制度改革や国有企業改革が急速に進み，私有企業の参入比率がますます高まっているにもかかわらず，2003年の医療廃棄物管理条例と2004年に改正された中国固形廃棄物汚染防除法からなる新しい法体制では，依然として費用負担の責任所在を明確にしていない。最近の都市生活ゴミ対策では，ゴミ行政管理の有償化サービス[25]を中心とした汚染者負担原則の適用強化がみられるが，前述した鉱工業のPPPのような制度化には至っていない。SARS事件以後，医療廃棄物の無害化処理対策が強まり，市の委託を受けた焼却処理会社が数年前の焼却処理料金すら徴収できない事実が発生しているのは，制度上の責任区分の曖昧さゆえに起きる問題である。つまり，都市財政の財源不足問題によって財政から支出が困難な一方，事業者の排出処理責任が曖昧なため，事業者からの料金徴収作業も困難になっているのである[27]。

おわりに

王金南（1997）が指摘したように，中国の環境外部性の問題は計画の失敗に主要な原因がある。つまり計画経済体制下の政府の産業政策計画の中に環境対策を正しく位置づけていない制度や政策の不備によって発

---

25 行政が個別の家庭もしくは事業者に対して生活ゴミの回収運搬サービスを提供する代わりに，料金を徴収する制度である。この政策の料金体系とサービス内容は都市によって異なる。

26 2005年8月に大連市で行ったヒアリング調査で確認した。

27 農村部の畜産業廃棄物においても，事業者の廃棄物処理責任の曖昧さの問題が取り残されている。

生した。PPP の適用も産業発展計画に組み入れる方式を採用した。つまり，新規建設事業に三同時政策を導入し，建設事業の建設資金から環境汚染対策費用を調達する方式を採用した。そして国の産業政策の技術改造事業に合わせて，企業の技術改造資金の中に汚染対策費用を組み入れるという方式を採用した。これは，当時の中国の計画経済体制に適合した有効な対策であるといえる。また，この方式は OECD の PPP とは区別される中国的な PPP の最大の特徴である。

　同時に，OECD の PPP の適用を可能にした市場経済とはまったく異なる，計画経済もしくは移行期経済の市場環境が，この原則の適用発展に制度的な不適合要素を与えたとも指摘できる。そのため，政策の建前上は PPP を擁護しながらも，実質的な費用負担を国家財政が担い，その適用対象と適用範囲の大部分が国有企業に限定されるという実態が生じた。

　国有企業の制度改革と市場経済のいっそうの発展によって，現在の中国は日本的 PPP を適用させる市場環境が十分備わっている。これは中国的 PPP がその発展過程で直面したさまざまな制度上の困難を十分解消できる段階にきていることを意味する。PM2.5 に代表されるさまざまな公害問題は，もはや本章で述べてきた中国特有の経済体制や技術力と経済力が乏しかった 1970 年代や 1980 年代の事情では説明がつかない。成長至上主義の修正や中国行財政システムの人事権の発動などの手段をフルに活用し，汚染源や汚染排出者の責任所在を徹底的に追及してはじめて公害問題を克服できることは周知のことである。その中で，PPP は有効な経済的措置としてその役割を大いに期待できる。

第**6**章

地方環境行財政システムの
政策執行力
浙江省寧波市の事例を中心に

はじめに

　中国の環境保護政策は，国による指令型統制の下で地方政府と企業が
その大半の執行業務を担ってきた。市場経済が進展し，それに対応する
公共財政制度が整備される中でも，特に地方財政の果たした役割は大き
かった。

　本章は，二つの側面から地方環境行財政の政策執行力とその仕組みを
考察する。一つは，財源配分と事務負担の実態調査に基づき，地方環境
保護行政の執行能力体制の特徴と問題点を明らかにする。もう一つは中
国環境政策の地方における執行実態を明らかにする。浙江省寧波市を事
例として取り上げたのは，この地域が中国の他の地域に比べて早い段
階から積極的に環境保護政策に取り組んでおり，環境統計データを蓄
積していたことや実態調査に欠かせない人脈があったことがその理由
である。

　中国では地方の自主性や独自性を優先するよりも，むしろ中央指令型
統制体制の下で全国画一的な政策が実行されていることから，この事例
は一定の普遍性をもっている。しかし，他方では地域間の経済格差が大

85

きく，各級地方政府の経済的財政的な権限が異なるため，この事例のみですべての特徴と問題点を網羅することはできない。

6.1 地方環境行政の事務配分と財源保障制度

それぞれの財政制度はその国の経済体制に対応して作られており，現代の財政制度は大きく二つに分類することができる。一つは市場経済体制に対応した公共財政制度であり，もう一つは計画経済体制に対応した国家財政制度である。市場経済体制の下では，社会資源配分が市場機能によって行われ，「市場の失敗」として生み出された必要な公共サービスを公共財政が補完する。計画経済体制の下では，国家が直接に社会経済活動のすべての領域を掌握しコントロールを行うほか，計画に基づいて社会資源配分を行うため，財政は国家機能の必要に応じて用いられる資源配分の手段に過ぎない（唐朱昌 2005）。

現代中国の財政制度は，従来の国家財政制度の枠組みの中に公共財政的な要素を取り入れた混合財政の特徴をもつ。具体的には，まずは国有企業の近代企業化改革によって，国家財政における国有企業を介して行った投資的経営的領域を縮小させ，公共財政的機能を強化させた。その次に政府間機能配分については，従来の計画経済体制時代の指令型事務配分システムを維持しつつ，中央と地方間の財源分税制を導入している。

財政連邦主義の政府間機能配分論は，市場経済体制のみならず，東欧の旧社会主義国家を含む移行期経済体制の政府間機能配分の規範的な理論として定着している。日本の憲法では国民のナショナルミニマムの保障について国家の義務として明確に規定しており，中央政府と地方公共団体の事務分担ルールについて明確な法的根拠を確立している上，税財源を中心とした財源保障システムを作っている。その内容は地域間の財政力格差を是正する水平的調整機能をもつだけでなく，中央と地方間の

事務執行能力を保障する垂直的調整機能をもっている。

　中国の計画経済体制の下では，国家配分論（鄧子基 2001）が財政制度を正当化する主な理論であった。そのため，市場経済を前提とした公共財の概念がなく，政府間の財政関係は政策指令と執行計画を発令する上位政府とそれを執行する下部政府の関係に過ぎなかった。したがって，中央政府と地方政府の間では，事務配分は法的ルールによってではなく，指令形式で上位政府から下位政府へ伝達され，政策執行の資金的保障となる財源配分は中央政府の計画によって配分された。

　1994年に導入された分税制とほぼ同時期に導入された市場経済体制は，計画経済と市場経済の混合体制の中で実施したため，これまでの財政連邦主義および国家財政論の規範理論とも異なる事象を表している。分税制改革は中央財政と省級財政間の事務配分と財源分配にとどまり，省以下の事務分担と財源配分のルールについては各省政府の裁量権に委ねているのが現状である。そのため，未だにナショナルミニマムの法的基準が整備されておらず，省級政府の裁量権も法的根拠や権限が保障されないまま分散された特徴をもつようになった。分税制改革の第一の目標は，中央税と地方税を明確に確定し，税財制システムの体系化を図ることで一時弱体化していた中央財政のマクロコントロール機能を回復するために行ったものである（内藤二郎 2004）。そのため，政府間の事務配分とその財源保障のルールまで明確にすることなく，従来の計画経済

28　国家配分論は，1950年代から60年代初め，旧ソ連の「貨幣関係論」「価値分配論」などの理論を中国の実情に合わせて新しく確立した財政理論である。この理論では，財政とは国家が公共権力に基づき，強制的に無償で資源の一部を占有または支配し，これにより国家自身の機能を遂行するために必要な条件を満足させることで，すべての社会資源配分を行う過程で，単独に国家の政治的権力（公共権力）を行使し，社会資源配分を直接行うことである，と定義している。

時代の中央指令型事務配分システムを維持したまま,「税収還付[29]」制度を除けば地方の事務執行を保障する政府間財政移転はほとんど存在しない。

　このような財政制度上の問題は財政制度の運営全体に及ぼす問題点も指摘できるが,これが地方環境行政の執行能力に与える影響は大きい。財政制度上,公共財としての環境政策の位置付けが低く,環境保護事務とその財源保障について明確なルールが整備されていない。そのために地方環境行政の一般行政経費は専ら中央の環境保護部(元環境保護総局)による政治的交渉に委ねてきた。「中国環境保護法」「中国水汚染防止除去法」「中国大気汚染防止除去法」「中国固形廃棄物汚染防止除去法」などの環境関連法律では,各級地方政府に対する法執行責任を明確にしておきながら,その執行力の財源保障については言及を避けてきた。長い間中央政府の環境行政は行政的地位が低く,資金調達権限とその交渉力が弱かったため,地方環境行政経費の一般財源化を実現できなかった(張坤民 2008)。事実上,1982 年から実施された排汚費徴収金が地方環境保護行政の主な財源として支えてきた。

　表 6.1 は,現行の環境政策の内容から整理した各級政府の環境保護事務の項目である。これらは地方分権法や地方自治法など政府間事務配分の明確な法的根拠に基づいて実行されているのではなく,政策の指令に基づいて行われている。「流域／区域環境対策費」は,汚染の状況が深刻な大きな河川もしくは「二つの規制区域(酸性雨と二酸化硫黄区域)」の対策費を指すが,複数の省を跨って発生する場合が多いことから,中央もしくは省級政府が負担するケースが多く,具体性に応じて市と県が分担するケースもある。実質上,この対策は 1990 年代末の第 9 次五ヵ

29　分税制を導入する際に,財政既得権を損ねた広東省などの豊かな地域の強い反対を緩和させるために,1993 年の財政収入を基準に,毎年の中央税収からその差額を各省財政に還付する制度である。

表 6.1　1994 年分税制導入後の政府間環境事務分担構造

項目	中央	省級	市級	県級	郷級	村級
流域／区域環境対策費	○	○	△	△	×	×
環境行政経費	○	○	○	○	○	×
汚染源対策費	○	○	○	○	△	×
都市環境インフラ	×	×	○	○	△	×
水源／森林保全費	○	△	△	△	△	×

注：○は事務負担をする，△は場合によって事務負担する，×は事務負担しない。

年計画期間から始まった事業であり，規模が小さく，環境統計上の貨幣
表示が明確ではないため，実態評価が難しい側面がある。「環境行政経
費」は環境管理能力建設費とも呼ばれているが，環境保護行政の人件費，
モニタリング経費，政策研究費などを指す。日本の場合は政府環境予算
が一般行政経費と環境保全費から構成されるのに対して，中国ではそも
そもこのような環境予算制度が整備されていない上，日本の環境保全費
より狭義的概念の環境保護投資概念[30]を用いている。またこの投資経費の
支出管理を環境保護行政が行うのではなく，経済産業管理部門を中心に
分散的な管理を行っている。ここでの環境行政経費は環境保護部門の一
般行政経費のみを指す。「汚染源対策費」は鉱工業中心の既存汚染源と
新規汚染源の汚染対策費であり，投資的経費を指す。長期にわたり国家
が企業の経営的かつ投資的領域まで掌握したため，この汚染源対策費は
国家財政（中央財政および地方財政）によって負担されてきた。具体的に
は国有企業の所属する各級政府がそれぞれ負担してきた。形式上は企業
の基本建設事業と技術改造事業など企業内部の産業計画から資金調達を
図るもので，予算形式ではなく，総事業投資規模の一定の割合で支出さ
れた。「都市環境インフラ」は下水，集中供熱，公園緑化，都市燃料ガ

30　現在，中国で取り扱われている中国環境保護投資は，汚染源対策費用を中
　　心に考慮した仕組みで，具体的には既存汚染源対策費，新規汚染源対策費
　　および都市環境インフラから構成される。

表 6.2　全国環境保護行政の機能別人員配置（2008 年）（単位：人）

	中央	省級	市級	県級	郷級
環境政策部門	300	2,122	8,361	34,064	
取締部門	41	929	8,773	49,734	
モニタリング拠点	132	3,042	15,281	33,298	5,371
科学研究所	680	2,395	3,423	6,287 三つの項目の合計	すべての項目の合計，内訳のデータがない
宣伝教育	30	478	726		
その他	1,184	2,540	4,364		
合計	2,367	11,506	40,928	123,383	

出所：中国環境統計年鑑（2008 年度版）に基づき作成。

ス，固形廃棄物など 5 項目の汚染対策の投資的経費を指す。2007 年以前は環境統計ではこの経費に占める財政支出と民間資金の境界が明確でないだけでなく，貨幣的数値が少なかった。「水源／森林保全費」は自然資源の保護や水源地の保護などに投入された経費である。主に中央財政によって支出され，環境行政がスタートして以来，汚染源対策と並んで環境政策の重要な内容とされてきた。しかし，この経費も環境保護部門には管理権限はなく，水利や森林管理部門によってコントロールされた。

　現行の環境事務配分には次の特徴がある。まずは，政策の立案，計画，管理，監督権限が環境行政に集中しているにもかかわらず，政策執行を支えるべき財政資金の管理権限は他の政府部門によって分散的に管理された。2005 年 11 月に発生した吉林省松花江の化学工場爆発事件にみられるように，当時の国家環境保護総局長が引責辞任を余儀なくされたが，その背景には環境事務と財源管理権限の分散管理システムの弊害が反映されている。次に，公共財としての環境政策の位置付けが低く，長期にわたって環境予算制度が存在しなかっただけではなく，地方環境行政の一般行政経費は一般財源化されていなかった。三番目に指摘できるのは，これまでの環境事務の内容が企業の汚染源対策に集中されていたため，公共的環境領域のトータルなマネジメント能力が育成されてこなかった

点である。またトップダウン式の政策執行システムにもかかわらず，特に公害対策に関する地方環境事務を支える政府間の財政移転がほとんど存在しなかったため，中央の政策コントロール能力が低かった。このような特徴は政府の政策執行能力，特に地方環境保護部門の公害対策がうまく機能せず，他の経済政策部門の政策的不作為を法的手段ではなく，政府部門間の交渉によって克服しようとした実態が裏付けられることになる。

6.2　排汚費を財源とする地方環境行政予算

　寧波市環境保護局で行ったインタビュー[31]を通じて，従来の計画経済体制の事務指令システムによって事務権限が付与され，事務経費の財源調達を市財政に委ねざるをえない実態が確認された。1988 年の行政改革で，初めて国務院直属の国家環境保護局が設立され，それを頂点に地方環境行政の管理ネットワークが整備されたが，寧波市では全国的にも早い段階で市環境保護局を設立した。新しい行政機構であったため，従来の予算制度の実績がなかったことや当時の国家財政の慢性的な財源不足の問題，産業政策に比べて環境政策の位置付けが低かった問題などの影響によって，特に地方環境行政予算は常に厳しい交渉を強いられた。このような実態は寧波市においても例外ではなかった。

　表 6.3 は，ここ 10 年間の排汚費徴収金の使途を示したデータである。支出項目の「汚染源対策」は，排汚費納付企業への還付補助金であり，「貸付」は納付企業への低利融資資金を指す。2003 年の排汚費徴収制度の改正では，納付企業への還付制度と貸付制度を廃止し，徴収された全額を特定汚染源対策の補助金として使うようになった。そのため，2004年以降の貸付項目の支出は廃止され，従来の納付企業に対して行った補

　31　2008 年 3 月 25 ～ 29 日に実施した。

表 6.3　寧波市の排汚費収入および支出（1998 〜 2007）（単位：万元（%））

年	排汚費収入	排汚費支出				
	合計	汚染源対策	貸付	管理能力建設		合計	
1998	912.22	170.8	1,247.88	348.09	(20)	1,766.77	(100)
2000	4,147	2,262.8	873.8	1,549.7	(33)	4,686.3	(100)
2001	3,285.7	1154	2,318.2	2,089.2	(38)	5,561.4	(100)
2002	3,753.4	645.9	498	1,855.9	(62)	2,999.8	(100)
2003	3,221.6	1,176.9	718.8	1,943.3	(51)	3839	(100)
2004	8,103.8	620.8 (23)	0	2,083.3	(77)	2,704.1	(100)
2005	10,452.1	3,204.5 (77)	0	956.3	(23)	4,160.8	(100)
2006	13,843.2	7,055.6 (92.4)	0	581	(7.6)	7,636.6	(100)
2007		4611.5 (41)	2,874 (26)(生態保護)	3,758	(33)	11,243.5	(100)

出所：寧波市環境保護局提供。

助金制度が法令に基づいて認定された特定汚染源対策事業へと転換した。「管理能力建設」とは，前節で述べた「環境行政経費」であり，人件事務費やモニタリング拠点建設費，政策研究研修費などに支出された一般経費を指す。

　1982 年の排汚費徴収の暫定弁法では，徴収金の 20％を地方環境保護局の能力建設費に充てることができると規定し，2003 年の排汚費徴収使用管理条例では，その全額を汚染対策費として充てるべきとし，地方環境保護部門の行政経費の全額を一般財源化すべきと規定した。そして中西部の財政力を考慮して 3 〜 5 年の実施時間の猶予を与えた。表 6.3 から分かるように，本来は目的税として使われるべき排汚費が汚染源対策費のほかに市環境保護局の行政経費として使われた。1998 年には支出総額の約 20％を占めるが，第 10 次五ヵ年期間（2001 〜 2005）の地方環境行政の管理能力の強化に従ってその比率が上昇し，2004 年には70％を超える水準にまで達している。その後，低下傾向をみせるが，第11 次五ヵ年計画（2006 〜 2010）の自動連続測定モニタリングシステムの導入と普及政策に伴って 2007 年に再び上昇傾向に転じる。これはま

ぎれもなく，排汚費が環境保護管理能力の向上に大きな寄与をしてきた
ことを意味する。

　寧波市の調査から以下の実態を総括することができる。第一に，地方
環境行政の行政経費の一般財源化は，中央の環境保護部に課せられた長
年の政治交渉の大きなテーマであり，寧波市の事例がその実態の裏付
けとなる。2003年の排汚費制度の法改正後も，一般財源化が実現でき
ず，実態は改善されなかった。地域経済が比較的発達した東部に位置し，
計画単列市のほかに全国環境保護重点都市にも指定された寧波市です[32]
らこのような実態ということは，他の都市，特に財政力のより厳しい地
方都市の状況が容易に想像できる。法規定上，排汚費はいったん市の予
算内資金に納入されたあと，その中の一部を環境保護局の予算として支
給されることになっている。そのため名目上は予算内資金といえるかも
しれない。しかし，市環境保護局の行政予算は，政策目標や事務指令内
容に比例するのではなく，排汚費徴収規模の制約の中で編成される。そ
のため執行能力の拡充事業に支障を来たし，政策目標とのギャップを縮
めることができなかった。第二に，排汚費を財源とする市環境保護局の
行政予算制度は，管理部門の政策執行の積極性を阻害し，モラルハザー
ドを招きやすい。排汚費は汚染源対策を強化すればするほど徴収規模が
縮小し，財源として不安定な性格をもつ。安定的かつより多い財源を確
保するためには，汚染源対策を強化するよりも，むしろ汚染排出を見逃
し排汚費を徴収した方が部門利益につながる。張坤民（2008）は，地方
環境保護局に対して「汚染防止対策の強化→排汚費の減少→対策強化の
怠慢」の不合理な政策執行を行うという批判がなされたと指摘した。寧
波市の調査では特に県以下の環境行政でこのような現象がより深刻だっ

32　1988年1全国13の都市に対して計画単列市の財政制度を導入し，省級財
　　政と同じ権限が認められるとこで，中央財政に対して直接の予決算権を与
　　えた。これらの市の経済開発権限を保障するのが狙いである。

たことが分かった。第三に，標準的な環境行政サービスの法的根拠が存在しないため，市環境保護局の行政予算は市財政部門の裁量によって編成された。これは市環境保護局の予算案が必ずしも期待どおりに承認されるとは限らないことを意味するほか，全国で多発した排汚費の流用問題が寧波市でも可能な体質にあったことを意味する。2002年の時点で，全国の排汚費累積残高は約50億元に達した。最後に，行政経費の中で特に高い比率を占めるモニタリング拠点の建設資金について，国の重要な政策であるにもかかわらず，この資金ですら政府間の財政移転が非常に少ない。2003年の排汚費制度の改正以前において，当時の国家環境保護総局にはこれに充てる財源がなかったため，政策執行の指令に伴う財政移転がほとんど存在しなかった。改正後，省級財政および計画単列市の排汚費徴収金の上納金を財源に，地方政府および企業の特定環境保護関連事業への補助金制度が設けられたが，財源規模が小さいため，地方の政策執行をコントロールできる十分な財政移転規模に至っていない。そのため，この資金も含めてすべての行政経費を地方財政の裁量権に依存せざるをえないのが現状だった。

　このような実態は，地方環境行政の管理能力の強化を制約し，国によって定められた政策目標の執行を困難にしてきたと考えられる。また中央政府の政策執行コントロール能力の脆弱化が続く重要な要因であると考えている。

　環境行政サービスを公共財として位置付け，サービスの標準化を実現するには，まずナショナルミニマムの整備が欠かせない。しかし全国一律のナショナルミニマムを実現するにはクリアすべき課題が多すぎる。このような現状や不可逆的な環境被害の緊急性，2005年浙江省画渓鎮の環境暴動事件に代表されるような激化する住民の被害感情を考慮すれば，環境行政の標準的サービスを他の公共サービスに優先して実現する必要性がある。2000年以前の環境政策が主に都市部中心の県以上が対象とされ，管理システムが農村地域に比べてより成熟している実情を

考えても，また人材育成と管理経験にかかる時間的コストを考慮すれば，都市部を対象に優先的に実行することは可能と考える。

　具体的には，まず環境予算の定義を明確にし，予算の基準となる公務員の人員規模や算定方法などの標準化規定を導入する。その上で一般行政経費は予算内資金から，その他環境保全関連支出を予算内もしくは予算外資金から編成することを各級政府に義務付ける。

　陳工等（2007）は予算制度の執行を有効にコントロールできないのは，予算編成における公務員の定員定額基準や社会資源の規模などが不明であるほか，予算分配と使途の透明性が低いからであると指摘している。そのため漸次的改革路線を選好しがちな現状では，環境行政の予算制度改革を財政改革の一つの布石として位置付けることさえもできる。

6.3　地方環境行政の人員配置と政策執行力

　松岡俊二ら（2003）によれば，UNEP／WHO では環境管理能力を①モニタリング能力，②情報分析・情報公開能力，③排出源の調査・汚染推計能力，④政策立案・政策実施能力の四つの要素から構成されるとした。

　表 6.4 は，人員配置とその傾向を通じて寧波市の管理能力の実態を示した内容である。①「政策部門」は汚染源対策および地方環境保護政策全体の政策立案や計画の実行を行う。②「取締部門」は，企業を主要な対象とした環境不法行為の取締りを行う。政策的な取締りを行うほか，住民の通報による取締りも行う。③「モニタリング拠点」は，汚染源企業を対象に汚染排出物の測定および監視活動を行うほか，指定区域の大気汚染物質の測定とデータ収集を行う。④「科学研究部門」は，政策実行性や方法論の分析を行うほか，環境被害や経済的損失などの分析を行うなど，理論的研究部門である。⑤「宣伝教育部門」は，個々の汚染企業に対して政策の宣伝や研修を担当し，最近は社会や住民に対しても政策宣伝などを行っている。

表 6.4　寧波市環境保護局の人員配置（単位：人）

年度	政策部門	取締部門	モニタリング拠点	科学研究部門	宣伝教育部門	合計
1998	94	36	239	47	6	422
1999	94	58	230	46	7	435
2000	94	64	253	46	7	464
2001	99	63	255	45	6	468
2002	102	63	255	48	6	474
2003	129	108	219	49	6	511
2004	139	122	215	51	6	533
2005	146	132	226	51	6	561
2006	188	140	240	50	7	625
2007	194	167	237	49	7	654

出所：寧波市環境保護局提供。

　UNEP/ WHO の分類方法を一つの規範的基準として寧波市と比較した場合，次の特徴が分かる。

　第一に，UNEP/ WHO の④政策立案・政策実施能力と①モニタリング能力は，寧波市の①政策部門の政策立案・計画実行能力と③モニタリング能力とそれぞれ対応しており，中国の環境政策の執行能力においても欠かせない内容であることが分かる。また②情報分析・情報公開能力と③排出源の調査・汚染推計能力は，寧波市の「科学研究部門」に相当するが，研究分析能力と情報収集・公開能力については十分とはいえない。

　第二に，地方環境保護局は，概ね①政策立案・計画実行能力，②取締能力，③モニタリング能力の三つの機能をもつが，中でも②取締能力は中国特有のものであるといえる。1998 年以降の傾向からみるかぎり，全体の人員増幅率が拡大する中で，特に②取締部門の増加率が最も高い。1998 年に比べて 2007 年には約 78％の増加をみせている。長年のトップダウン式政府主導の環境管理を実施した結果，社会的監督システムがうまく機能してこなかった。その上，環境裁判などの司法制度ではなく，

表6.5　寧波市環境被害に対する市民苦情（単位：件）

年度	市民苦情数		年度	市民苦情数	
	手紙	訪問		手紙	訪問
1998	1,450	849	2003	4,384	505
1999	5,916	883	2004	7,473	647
2000	7,570	1,339	2005	7,397	541
2001	11,661	717	2006	10,306	694
2002	6,928	624	2007	−	−

出所：寧波市環境保護局提供。

行政命令や直接介入手法を適用してきたため，行政取締部門が肥大化した。表6.5で示すように，住民の環境被害は司法仲裁に委ねられるより，むしろ環境行政に訴える傾向が強い。行政は住民通報による取締業務のほか，住民と企業間の仲裁役を担っている。環境統計では環境裁判の件数ではなく環境行政の罰金件数が統計データとして整備されていることや，環境行政不服審議法が制定されたことからも，このような実態が裏付けられる。

　第三に，本来は汚染者負担原則（PPP）により汚染排出企業の自律性に委ねるべき領域に対する環境行政の能力投入が大きすぎる。表6.4で示された寧波市環境保護局の五つの部門の中で，④「科学研究部門」を除いて他の四つの部門は企業汚染源対策が主要な業務内容となっている。本来は社会や民間部門が負担すべき領域まで行政が介入した結果，行政経費が膨張し，不足しがちな財源に拍車をかけるだけでなく，都市環境保全に必要なトータルの政策立案・計画および公共領域の政策実行能力がなかなか育ちにくい環境を作り上げている。このように，前節で述べた財源不足の問題に加えて，経費の効率性を歪める構造的な欠陥を指摘できる。

　これまでのトップタウン式環境管理システムでは，環境行政は本来担うべき公共機能のほかに，社会や市場，業界，裁判制度が担うべき多くの役割を果たしてきた。そのため，こうした政府の過剰な介入を分散さ

第6章　地方環境行財政システムの政策執行力　97

せ，政府機能のほかに社会的機能，市場・産業界機能，環境裁判機能の四つの機能に分類し，それぞれのセクターに相応する役割を担わせる必要がある。

　まずは，行政主導で行われてきた汚染排出行為への監視監督の役割を社会や住民団体へ分散させることである。政府開発事業を含む環境情報を積極的に開示することで住民の監視活動を有効な内容にする。そうするためには住民の情報公開請求権や地方政府と企業の情報開示を制度化するはか，環境保護を目的にした結社の自由が保障されなければならない。

　次に，企業や業界団体の自律性を向上させ，これまでの政策宣伝や研修，技術情報などの対企業サービスを業界の自主的な取り組みに転換させる。企業の汚染対策は，本来汚染者負担原則の適用によって汚染排出企業の自主的な負担に委ねるべきである。計画経済体制の下では，政府財政の経済的介入とともに環境行政サービスが深く関わるようになり，市場経済体制が進展した現在もそのまま続いている。環境行政がより公共性を重視するためには，現行のサービス内容のスリム化を図る必要性がある。それを実現するためには，業界団体の結成の自由を認める法整備が欠かせない。

　最後に，これまで行政手段で対処してきた環境事件の仲裁役を環境裁判に委譲すべきである。計画経済体制の下では，国が産業政策の立案者であり，国有企業経営の最終責任者であるほか，当時の汚染企業のほとんどが国有企業だったために，行政が仲裁役を担当することは一定の効果があった。しかし，国有企業改革が進展し，非国有企業形態の成長が目覚しい現段階においては，より中立的かつ専門性に優れた裁判機能に委ねるべきである。

　こうすることで行政の政策立案能力やトータルマネジメント能力，およびモニタリング能力の向上につなげ，財源が不足し勝ちの現状でもより有効な政策執行が望めると考える。

6.4 地方汚染源対策における財政資金の撤退

　この30年間の環境政策は，環境保護投資の財源の多元化と投資主体の多様化を実現した（金紅実 2008）。これは，それまでの財政と企業の関係を大きく変化させた。つまり，計画経済体制では国家財政が汚染源対策費の実質的な負担者だったが，その後，その支出比率を大きく低下させ，本来あるべき汚染者負担原則の適用環境を可能にした。浙江省・寧波市の事例ではこの傾向がより強いことを確認できた。

　表6.6は，既存汚染源対策に占める予算内資金から支出された財政比率を示したものである。この表で示された傾向および現地調査の内容から，次のことが明らかになった。

　第一に，企業汚染源対策に占める財政比率が，全国平均水準よりも早い段階から顕著に減ってきた。これは浙江経済モデルにみられるように，1980年代の半ばから始まった郷鎮企業を中心とした体制外の経済発展の結果，省内の多くの国有企業が自ら体制改革の旗印を挙げることになったからである（陳国平 2007）。1993年，市場経済体制をスタートさせた当時は，ほぼ全国平均水準にあった財政支出が，特に寧波市では1995年から顕著に下がり始め，2000年以降は0%近くまで減っている。

　この変化によって，市政府と汚染企業との間の癒着関係が徐々に解除され，排汚費徴収金などをめぐる市幹部から市環境保護部門への不当な介入が明らかに減ったと市環境保護局の担当者が語った。これに加えて，科学的発展観や和諧社会（調和のとれた社会）の構築など，国の発展政策路線の転換が市指導部の経済発展のプレッシャーを緩和させたため，市の開発事業および企業誘致における環境要素の評価が厳しくなり，過去のような汚染企業のための口利きはほとんど見られなくなったと語った。しかし，これは十分な経済力をもつ寧波市だから可能な現象であり，寧波市の誘致条件を満たさなかった汚染企業は周辺農村部だけではなく，

第6章　地方環境行財政システムの政策執行力

表 6.6　全国・浙江省・寧波市の既存汚染源対策費（単位：億元（%））

年度	全国の基本建設・更新改造投資		浙江省の基本建設・更新改造投資		寧波市の基本建設・更新改造投資	
1993	34	(49)	1	(38)	0.2	(40)
1994	43.6	(52)	1.7	(40)	0.1	(14)
1995	53.4	(54)	1.0	(28)	0.02	(2)
1996	34.2	(37)	0.7	(25)	0.02	(3)
1997	27.0	(23)	0.4	(10)	0.04	(4)
1998	23.2	(19)	0.6	(9)	0.03	(4)
1999	23.8	(16)	0.7	(5)	0.004	(0.2)
2000	33.1	(14)	1.4	(6)	0.0008	(0.04)
2001	36.3	(21)	0.2	(2)	0.01	(0.4)
2002	42.0	(22)	0.32	(3)	0.001	(0)
2003	18.7	(8)	0.5	(5)	0	(0)
2004	13.7	(4)	1.1	(10)	0	(0)
2005	7.8	(2)	1.75	(9)	0	(0)

出所：中国環境統計年報（2005 年度版），中国環境年鑑（1994 〜 2000 年度版）。
注：（　）内は，当該財政年度の既存汚染源対策に占める基本建設・更新改造の比率である。

省内の他市へ移転したケースがあった。

　第二に，汚染源対策の財政支出は予算制度を通じてではなく，企業の事業資金から一定の割合で支出された。これは全国共通の特徴ともいえる。表 6.6 の「基本建設・更新改造投資」は，企業内部の基本建設事業や技術更新改造事業費から負担した汚染除去施設の建設費であるが，技術更新改造事業に対しては総事業費の 7% を，基本建設事業に対しては一定の割合という曖昧な基準を設けた。市から交付された事業費から個々の企業が実行する仕組みなっているため，市予算制度ではコントロールできず，企業の良識に委ねざるをえない側面が強かった。また投資的経費に過ぎないため，建設後の施設の稼動状況を把握できなかった。そのため，施設の建設を行っても，それが必ずしも有効な汚染除去につながったといえない現実があった。

　市環境保護局はこのような資金権限も企業管理権限ももたないため，

市長に陳情し解決を促す方法しかなかったと語られた。このような状況を克服するため，第11次五ヵ年計画に地方のモニタリング能力の強化政策が盛り込まれるようになった。2008年3月の時点で寧波市では151の市重点企業に対して連続測定モニタリングシステムを実施し，市環境保護局の拠点とのオンラインシステムを通じて監視監督を受けることになっている。そのおかげで，資金力不足の中小企業を除けば，大企業の汚染排出状況は改善されたと担当者は述べた。

　第三に，すでに述べたように，国有企業改革の進展によって汚染者負担原則を適用しやすい環境が整えられつつあるにもかかわらず，市環境保護部門の企業対策負担が大きすぎると指摘できる。企業に対する取締業務から政策の宣伝や研修，企業と住民間の環境トラブルの仲裁業務まで行うため，本来の政策立案・計画業務とトータルなマネジメントを行う能力が不足する傾向がみられた。

　杭州市のA製薬会社に対して行った調査では，市政府との財政関係を断ち切って株式市場に上場してからは，自らの企業イメージと製品イメージをより意識するようになり，周辺住民とのトラブルを回避するために公聴会を開くなど，情報開示を重視するようになったと述べた。他方で，寧波市の調査では，特に農村地域では地元の企業との間に深い経済利益でつながっている住民の環境意識は低く，実際に環境被害が発生した場合でも通報するケースが少ないことも分かった。

　以上の実態は，少なくとも都市部の環境行政において，企業との間の従来の関係が大きく変化したにもかかわらず，それに対応した改革が遅れていることが明らかである。つまり，企業に対する市場評価システムおよび住民による評価システムが機能し始めたにもかかわらず，従来の計画経済時代の行政サービスを保持したままである。これは公共財としての環境政策の位置付けを遅らせ，環境行政の公共的機能を阻害することになる。

第6章　地方環境行財政システムの政策執行力

おわりに

　以上の分析から，地方環境保護行政は地方政府に設置した政策部門に
もかかわらず，地方の独自の政策よりも，むしろ中央の環境保護部の政
策指令を優先的に執行する機構に過ぎなかったことが明らかになった。
そのために，地方環境保護局の機能は地域性やその特殊性に基づく内容
ではなく，中央の環境保護部の機能構成に対応して整備された。政策指
令の主な内容は，地方政府や地域に立地した企業の開発行為や経済活動
による公害生成行為を管理監督する役割である。しかし，地方環境保護
局の人事権と組織の予算権は，中央の環境保護部ではなく，地方政府の
コントロールを受ける仕組みになっている。その結果，地方政府の予算
権や人事権は中央の環境保護部の政策指令に対抗し，地方政府が経済成
長を優先する場合には，地方環境保護局が国の政策指令を形骸化せざる
をえないディレンマを抱える構造が作られていた。

　他方で，この事例から企業の汚染源対策費用における財政資金の割合
が持続的に減少し，本当の意味でのPPPが地方の政策現場で整備され
つつある実態が明らかになった。

第**7**章

移行期公共財政体制下の
森林財政

はじめに

　1978年から経済開放政策および経済体制改革を実施して以来，中国のGDP成長率は概ね2桁の水準で推移してきた。その結果，国家財政収入の増加率はGDPの増加率を上回るスピードで推移した（胡洪曙等2013）。2012年の国家財政収入は名目値で11.72億元の規模に達した。その背景では，幾度の国家財政の制度改革を通じて，財政機能を計画財政から公共財政への転換を図ってきた。その過程は，概ね三つの段階をたどった。つまり，第1段階の過渡期（1978〜1993年），第2段階の公共財政の構築段階（1994〜2003年），第3段階の公共財政の成熟段階（2003年〜現在2014年）に分類することができる。これは中国の計画経済体制が社会主義市場経済体制へ移行する中で，国家財政は経済体制の補完的役割としてその機能を段階的に変化させてきた過程ともいえる。国家財政が担う役割も移行期経済体制に対応した移行期の発展段階の特徴をもつ。このように財政機能が経済の競争的領域から民生財政や環境財政などの公共的領域における市場の失敗への補完機能が段階的に強化される過程は，森林財政の拡大や発展に有利に働いたとみられる。

103

本章はこのような制度的発展を背景とする中国森林財政の発展過程と主な特徴を総括し，公共財政が国の植林事業や育林事業のために果たした政策的役割とそのメカニズムを明らかにする。

7.1　森林の公益的機能と公共財としての位置付け

　近代経済学では，市場機能を社会的資源配分の主役として捉え，政府機能を市場の失敗の補完機能として位置付ける傾向がある。市場機能では利潤最大化の目標が働く限り，経済的収益性が見込めないまたは低い領域への財やサービスの提供は最小化されるか，提供されにくい傾向をもつ。それゆえ，マスグレイブ（Musgrave et al. 1976）は，政府機能を①資源配分機能，②所得再分配機能，③経済安定化機能の三大機能に分類し，政府の公共的領域における公共財や公共サービスの提供義務の理論的根拠を明らかにした。公共財は非排他性，または非競合的な性格として捉える。これは市場機能の排除原則，つまり市場取引は代価を払わない者とは取引を行えず，財やサービスの提供または消費対象から排除する原則と相反関係をもつ。サミュエルソンはこのような公共財の等量消費の概念を定式化し，何人もその財の便益享受から排除できない財であり，いったん供給されれば社会構成員全員が同一の量を等しく消費するような財であるとした。これらの公共財政学の理論は長期にわたって公共支出の必要性を論じる理論的根拠とされてきた。森林財政の存在と発展もその中の一つである。

　石崎涼子（2012）は，日本の森林がもつ公益的機能と公共財としての位置付けを論じる際に，森林の水源涵養機能や土沙流出の防止機能，レクリエーション利用などの保健休養機能，林木の育成過程における二酸化炭素の吸収と炭素貯蔵機能などの公益的生態機能に注目し，国有林や民有林を対象に設定された保安林制度の公共財としての妥当性を検討し，中央と都道府県間の政府間財政関係が果たした役割を明らかにした。こ

のように日本や韓国の保安林制度や中国の公益林などのように，国土安全の保持機能や生物多様性の保全機能のほかに，森林が人間社会の発展のために果たした生態系サービスは多面的に観察することができる。木材資源の供給や食糧の提供，農業生産の利用，燃料の提供などの物的サービスの提供源として人間の生存権や生活権を支えてきた。またこのような多面的な機能のゆえに，長年にわたって開拓や収奪の対象として見做され，破壊と再建の歴史を繰り返してきた。

　1990年代の後半に入り，中国では森林の多面的な生態機能が再評価されるようになった。森林資源の原料利用や生態系サービスの提供能力のほかに，三農問題[33]を解決し，生態文明を実現する重要な政策手段の一つとしてその位置付けが強化される傾向にある。

7.2　森林政策における公共投資の役割

　1978年以降，高度な経済発展や税財政制度改革という制度環境の変革の中で，中国の森林財政は急速な発展を遂げてきた。かつては，森林工業の経営資金を中心に，企業の職員関係者の給与，住宅，医療，教育などの社会保障資金まで財政資金がその財源を負担していた。しかし，制度変革は森林財政の機能転換をもたらし，市場経済体制の浸透に相まった公共財政の特徴をより鮮明にさせてきた。それがもつ普遍的な傾向と固有の特徴は以下の方面から考察することができる。

　まずは，公共支出による森林保険制度へのサポート機能として注目される。森林資源の経営周期の長期化や自然災害や天候に左右されやすい性格は，森林経営のリスクを招きやすく，いったんリスクが生じると短期間に解消されにくいという特徴をもつ。そのため，公共支出を通じて

33　三農問題の「三農」とは，農民，農村，農業を指すが，長年にわたって貧困問題を解消し，都市と農村の格差を是正する重要な政策課題とされてきた。

森林経営の資金源の安定化を図ったり，保険的役割として補助金制度の構築が不可欠である。育林事業は，農業生産と違って，長期の生産周期を必要とする。速成木材林の生産周期を例にしても，一般的に6～7年の歳月がかかり，長い場合には数十年ないし数百年を経て木材に成長することすらある。また工業生産と比較した場合，自然環境や天候に左右されやすい特性から，閉鎖的かつ安定的な経営環境におかれることが難しい。このような長期性や野外性は火災や寒冷災害などの不測の自然災害のほか，放火や盗伐などの人為的要素のリスクを頻発させる。さらに時間の推移によって森林資源が直面するこのようなリスクはさらに拡大するため，森林経営の収益は常に不安定性に陥りやすい。このような不安定性や不確実性を解消するために，政府または公共財政はそれに対応した保険制度や公的資金などの公的措置を講じることで，森林の公益的機能を保持させる必要がある。

　中国は1949年以来，森林資源経営のための保険制度を検討してきたが，未だに制度化に至っていない。これは上述した森林資源経営の不安定性やリスクと大きく関わる。2003年，新しい集団林権制度を導入した際に，制度改革の重要な措置の一つとして森林資源保険制度を導入した。これは市場経済で一般的に導入されている商業保険とは異なって，中央財政による森林保険補助金制度を併用したのである。『財政部の2011年度中央財政による農業保険補助政策に関する通知』では，「補助金の比率を，経済林保険制度については現行の30％の割合を維持し，公益林保険制度については中央財政の補助率を50％までに引き上げる」とした。「補助の実施条件については，経済林は省級財政が少なくとも保険金の25％の補助率を負担し，公益林は地方財政が少なくとも40％を下回らない補助率を維持するが，その中で省級財政が25％を下回らない補助率を負担する」と定めた。このように森林経営に関連する保険制度は本来は商業的行為の位置付けのはずが，森林経営の公益性や持続困難性を考慮し，国の財政制度が補助を行う手段を通じてその制

度の維持管理に関わっている。

　第二に，森林がもたらす便益は公益性を有し，公共財としての性格が強いことから公共支出による直接的な資金投入または森林公共財の提供者に対して一定の補助を行う必要がある。

　森林公共財がもたらす生態的効果と文化的効果は次の特徴をもつ。まずは両者間の不可分離性である。利用者が特定可能な商品とは違って，森林資源の生態的効果と文化的効果はそれを細分化してそれぞれの波及効果を特定することが困難である。つまり，二つの便益を全体的に捉えなければならない。二番目は森林公共財の非排他性である。受益者を特定の個人または団体に限定する，または排除することが非常に困難な公共財である。森林保全は社会発展の生産力の維持につながるほか，多くの国民が公平に享受すべき民生・福祉サービスの一環として位置付けることができる。

　アメリカの保全休耕プログラム[34]やスコットランドの公共林地の高い公共投資および日本の林業補助金制度は，いずれにおいても森林の生態的効果と文化的効果を重視した結果ともいえる。中国は1998年から生態公益林補償制度を導入し，現在，全国的に実施されている。この補償制度では，中央財政と地方財政がそれぞれの事務分担範囲を確定し，財政資金による林業農家への経済的補償を行っている（金紅実等 2013）。そのほかにも，退耕還林政策や天然林保護プロジェクト，防護林建設プロジェクトなど，中央財政と地方財政の関わりがますます大きくなりつつある。

　第三に，森林経営は収益性が比較的低い産業であることから，政府や公共財政の政策的な支援とインセンティブ措置が欠かせない公共的領域

　34　アメリカの保全休耕プログラム（Conservation Reserve Program）とは，
　　　1985年の農業法（正式名は「食料安全保障法」）に基づいて実施された政策で
　　　ある。浸食しやすい耕地を10年から15年間休耕する場合，アメリカの農
　　　務省がその地代を支払うという施策である（西澤栄一郎 2001）。

第7章　移行期公共財政体制下の森林財政　　107

である。

　上述したように，生産周期の長期化や自然災害への脆弱性，高い社会的リスクの存在などの不利な要素のほかに，木材などバージン商品の供給と需要曲線の弾力が小さいなどの要因から完全競争の市場メカニズムでは比較優位性をもつことが非常に難しい。しかし，森林資源は経済的効果のほかにも，生態的効果や文化的効果の重要な役割を果たすことから国民経済や国民生活環境の重要な要素となる。

　そのために，森林資源の二つの経済的指標となる立木蓄積量と林地面積の増大が政策の重要な課題となってきたほか，それに伴う第二次，第三次産業の必要性も浮き彫りになってきた。日本では林業特別会計を通じてこれらの脆弱産業の育成や支援を行っているが，中国でも税の減免措置や利息補助金制度などの措置を通じて，林業農家や森林産業へのインセンティブを図ろうとしている。

　第四に，集団林制度の改革によって形成された家庭経営の小規模兼業方式は，市場競争のプレッシャーに弱く，脆弱産業の育成事業として財政資金のサポートが必要とされてきた。

　2003年以降に実施された集団林権制度改革は，20世紀の80年代初期に実施された「三定」[35]制度をもとに行われた。全国95%以上の林地を個人農家に配分したが，各農家が得られた林地規模は面積が非常に小さく，国際的な小規模森林経営方式と比較した場合も，特に規模が小さく，規模の経済性が見込まれにくい側面があった。それに加えて，社会保障制度の不在などの問題によって，林業農家が林地の譲渡を渋るなどの現象が多く存在することから，規模の経営がさらに難しい状況にあった。同時に，兼業農家の多くは，林業のほかに農業や畜産業，非農産品加工

35　林業三定制度とは，1981年から1983年の間に行われた林業生産責任制度である。当時の集団林の伐採現象に歯止めをかけ，農家の植林への積極性を引き出すために，農家の山林権を保障し，自留山を画定し，林業生産責任を明確にすることを目的に導入した。

業および出稼ぎなどで経済収入を得ているため，自らの限られた生産要素を最も経済収益が多く見込まれる産業に投下する傾向がみられた。上述したように，林業経営の高リスクや長い周期および複数回の投入に対して一回の収益性などの制約的な要素から，林業農家にとって林業は比較優位の産業になりにくい側面があった。そのために，森林道路や防火設備の整備などの林業インフラ整備は林業農家の生産コストをさらに大きくする事業であるため，林業農家を含む事業者の積極的な投資を引き出しにくい事業である。財政資金の投入は農家の森林経営収益が他の兼業産業より不利にならないようにするための重要なサポート手段として位置付けられた。集団林権制度の改革に伴って導入された森林保険制度や林権抵当融資制度，森林育林管理補助金制度，造林補助金制度，林木優良種補助金制度などは，これらの林業農家の生産コストを分担し，森林経営への積極的な参入を誘導するための財政的な措置に過ぎない。

　第五に，国有林改革のための財政資金の重要な役割である。過去の長い森林政策史の中で積極的な投資があまり行われてこなかったことや，辺鄙な地理的環境におかれるケースが多く，生態機能の保全が経営方針の主な内容となることから，財政資金による公益性の担保が不可欠となる。

　国有林の多くは地理的に辺鄙な場所に位置し，森林経営団体の活動拠点には電気や道路が不足するなど生産，生活の質的保障が必要とされるケースが多い。経営主体の多くの森林が生態公益林によって占められ，経済的な収益を見出せる空間が非常に狭い弱点をもつ。このような国有林の黒字経営を維持させるために，人件費を削減する方法が導入されがちだが，これは森林労働者の収入を不当に引き下げることにつながり，ケースによっては地元農家の農業生産収益を下回る現象が起きる。その結果，若手人材の流出や人材確保の困難，ひいては森林経営の悪化を招く場合がある。そのために，政府は国有林の制度改革を推進する際に，一部の省で実験的に段階的に導入したほか，国有林経営企業を公益性非

営利団体に改編するなどの案が提言され，そのための財政の公的資金による公益性の担保が議論された。浙江省が国有林経営企業を一類と二類の公益性非営利団体に分類し，それぞれの経営性質に相応しい財政移転制度や財政予算制度を構築したのは，その一例である。

表7.1は，このような公共財政の理念の下で，1978年から投下された国家財政の資金規模とその内容を示したものである。

1978年から2011年の間に国全体の財政収入が1,132.26億元から103,874.43億元に大幅に増加し，それに伴い財政支出の規模も1,122.09億元から109,247.79億元に増加した。同じ時期の中央財政と地方財政の総収入を比較した場合，それぞれ175.77億元と956.49億元の規模から51,327.32億元と52,547.11億元に増大し，地方財政収入が国家財政全体に占める比率は1978年の84.48％から1994年の44.30％に低下し，若干の変動をしながら2011年には50.59％に落ち着くことになった。その反面，中央財政収入は低い比率から高い比率へと変動し，2011年には49.41％となった。支出ベースの比重では，中央財政が1978年の47.42％から2011年の15.12％に縮小し，地方財政の方が52.58％から2011年の84.88％に拡大した。

このような国家財政収入の順調な発展は森林財政の財源を確保するための財政基盤となった。表8.1に示されたように，1998年から段階的に実施してきた天然林保護プロジェクトや退耕還林プロジェクト，および京津風砂源対策プロジェクトなど国家六大林業重点プロジェクトの展開は，このような国家財政資金の潤沢な拡大が裏付けとなった。また森林生態便益補償制度や造林補助金制度，森林育成管理補助金制度などの財政措置の導入は，このような国家財政状況の良好な回復と深く関係する。1998年の国家財政支出が10,000億元を突破し，特に中央財政の支出規模が3,000億元を上回ったことが，森林財政への公共支出を可能にしたのである。2009年以降に実施した造林補助や森林育成管理補助などの制度の導入，生態公益林補助基準の引き上げが実現できたのも，同じく

表 7.1　1978 ～ 2011 年国家財政収入・支出状況および中央・地方財政の比重

年	財政支出					財政収入				
	総規模 (億元)	中央 (億元)	地方 (億元)	中央財政 比重(%)	地方財政 比重(%)	総規模 (億元)	中央 (億元)	地方 (億元)	中央財政 比重(%)	地方財政 比重(%)
1978	1,122.09	532.12	589.97	47.42	52.58	1,132.26	175.77	956.49	15.52	84.48
1980	1,228.83	666.81	562.02	54.26	45.74	1,159.93	284.45	875.48	24.52	75.48
1985	2,004.25	795.25	1,209.00	39.68	60.32	2,004.82	769.63	1,235.19	38.39	61.61
1990	3,083.59	1,004.47	2,079.12	32.57	67.43	2,937.1	992.42	1,944.48	33.79	66.20
1991	3,386.62	1,090.81	2,295.81	32.21	67.79	3,149.48	938.25	22,11.23	29.79	70.21
1992	3,742.20	1,170.44	2,571.76	31.28	68.72	3,483.37	979.51	2,503.86	28.12	71.88
1993	4,642.30	1,312.06	3,330.24	28.26	71.74	4,348.95	957.51	3,391.44	22.02	77.98
1994	5,792.62	1,754.43	4,038.19	30.29	69.71	5,218.1	2906.5	2,311.6	55.70	44.30
1995	6,823.72	1,995.39	4,828.33	29.24	70.76	6,242.2	3,256.62	2,985.58	52.17	47.83
1996	7,937.55	2,151.27	5,786.28	27.10	72.90	7,407.99	3,661.07	3,746.92	49.42	50.58
1997	9,233.56	2,532.50	6,701.06	27.43	72.57	8,651.14	4,226.92	4,424.22	48.86	51.14
1998	10,798.18	3,125.60	7,672.58	28.95	71.05	9,875.95	4,892.00	4,983.95	49.53	50.47
1999	13,187.67	4,152.33	9,035.34	31.49	68.51	11,444.08	5,849.21	5,594.87	51.11	48.89
2000	15,886.50	5,519.85	10,366.65	34.75	65.25	13,395.23	6,989.17	6,406.06	52.18	47.82
2001	18,902.58	5,768.02	13,134.56	30.51	69.49	16,386.04	8,582.74	7,803.3	52.38	47.62
2002	22,053.15	6,771.70	15,281.45	30.71	69.29	18,903.64	10,388.64	8,515	54.96	45.04
2003	24,649.95	7,420.10	17,229.85	30.10	69.90	21,715.25	11,865.27	9,849.98	54.64	45.36
2004	28,486.89	7,894.08	20,592.81	27.71	72.29	26,396.47	14,503.1	11,893.37	54.94	45.06
2005	33,930.28	8,775.97	25,154.31	25.86	74.14	31,649.29	16,548.53	15,100.76	52.29	47.71
2006	404,22.73	9,991.40	30,431.33	24.72	75.28	38,760.2	20,456.62	18,303.58	52.78	47.22
2007	49,781.35	11,442.06	38,339.29	22.98	77.02	51,321.78	27,749.16	23,572.62	54.07	45.93
2008	62,592.66	13,344.17	49,248.49	21.32	78.68	61,330.35	32,680.56	28,649.79	53.29	46.71
2009	76,299.93	15,255.79	61,044.14	19.99	80.01	68,518.3	35,915.71	32,602.59	52.42	47.58
2010	89,874.16	15,989.73	73,884.43	17.79	82.21	83,101.51	42,488.47	40,613.04	51.13	48.87
2011	109,247.79	16,514.11	92,733.68	15.12	84.88	103,874.43	51,327.32	52,547.11	49.41	50.59

出所：中国財政統計年鑑，中国林業統計年鑑，中国林業年鑑の各年度版に基づき作成した。

財政状況の大幅な改善が裏付けとなる。公共財政の順調な発展は森林育成政策の立案や政策執行力の有効性や安定性および持続可能性を保障する資金面のサポートとなった。

7.3　森林財政の構成内容と分類

　森林財政の政策立案過程とそれを支える財政支出内容およびそれぞれの政策的な役割に基づき，森林財政の政府間事務分担関係および受益者構成，政策執行の三つの側面から，現況の構成内容を整理した。

　まずは，政府間事務分担関係では，それぞれの事務分担内容に基づき，中央森林財政と地方森林財政の二つに分けて考察できる。中央森林財政は，政策執行形態に基づき，①国家林業局の組織予算，②林業重点プロジェクト，③中央財政の地方に対する補助金制度，④中央財政の林業基本建設項目の四つに分類できる。

　①国家林業局の組織予算は，中央財政の一般予算に組み込まれるが，人件費など一般行政経費のほか，森林資源モニタリングや森林航空消防，国際森林科学技術の交流，森林病虫害予測予報，希少な絶滅危惧動物および生息環境の保全，荒漠化モニタリングなど，中央の林業行政の政策執行に必要な直接経費が含まれる。

　②林業重点プロジェクトは，中央財政が国家林業重点プロジェクトの実施のために交付する経費であり，中央財政から省級財政への資金移転手続きを経て，省以下地方政府の重点プロジェクト実施主体に順次交付される特定資金である。これには天然林資源保全プロジェクトや退耕還林プロジェクト，および京津風砂源対策プロジェクトなどが含まれるが，中央財政の特定資金（政府間移転資金）に加えて，地方財政による一定の割合の資金供与が求められる。地方財政が負担する割合は法規定によって定められるのではなく，地方財政の実情に基づいて，または政府間の交渉（ゲーム理論）によって決められるケースが多い。また地方

財政の統計制度の不備や未熟などが原因で体系的な統計作業が行われないケースも少なくなく，統計制度や統計データバンクに正確に反映されない場合がある。

③中央財政の地方に対する補助金制度は，中央財政が地方林業行政や林業企業，林業農家への特定補助金制度を指す。特に2000年以降，財政収入の持続的な拡大は森林財政における補助金制度を急速に発展させた。現段階の森林補助金は17項目に及んでいる。具体的には，a.中央財政森林生態便益補助基金，b.林業補助資金（林木優良品種補助，造林補助，森林育成管理補助が含まれる），c.林業保全補助資金（林業部門の国家級自然保護区補助資金，湿地保全補助資金，砂漠化土地の封鎖禁牧保全事業の実験拠点補助資金を含む），d.林業防災減災補助資金（林業有害生物防除補助金，辺境森林の防火隔離帯補助金，林業生産災害救済補助資金などが含まれる），e.国有林改革実験拠点補助資金，f.林業科学技術普及およびモデル事業資金，g.融資利息への補助金（林業融資に対する中央財政の利息補助資金，林業基本建設事業の融資に対する中央財政の利息補助資金を含む），h.その他特定資金（森林警察の移転交付資金，貧困国有林の貧困救済資金，林業製品油価格に対する特定補助資金が含まれる）などを挙げられる。近年，集団林権制度の改革経費や低温降雨降雪による寒冷災害への林業生態再建事業の補助資金，および森林防火補助金が中央財政から交付されるようになった。

最後の中央財政の林業基本建設項目は，予算内の基本建設投資と国債資金の投資の2種類からなる。主な支出目的は林業重点生態保全プロジェクトや山間地域の民生保障，森林資源保全および林業科学技術の普及などの基本建設事業の投資財源となる。中央財政のほか，地方財政も地域の森林政策を展開し，それに必要な森林財政経費を支出するようになった。今後の事例研究の中でさらに明らかにし，地方財政の役割を体系的に評価していく必要があるものの，ここ数年来の地方財政の森林財政への資金投入は大幅に増加する傾向にあり，地域産業の活性化や新しい体制

作りなどと組み合わせて積極的に展開する姿を確認することができる。[36]

　次に，中央財政の森林財政への公的支出が増える中，政策の受益者は次の五つに分類することができる。第一の受益者は森林管理の基礎団体となる森林工業企業と森林管理所（中国語で「林場」）である。具体的な支出項目は，天然林資源保全プロジェクトの財政資金に含まれる政策的な社会保障関連の支出補助金や林業有害生物防除補助金，辺境森林の防火隔離帯建設補助金，林業生産災害救済資金，集団林権制度改革の必要経費，林業国家級自然保護区の補助資金，湿地保全補助資金，林木優良品種補助金，森林育成管理補助金，森林警察移転交付資金，林業融資の利息補助資金などが挙げられる。

　二番目の受益者としては林業農家が挙げられるが，概ね五つの支出項目から構成される。一つは退耕還林プロジェクトの補助資金であり，二番目は中央財政による森林生態便益補助基金である。後者は，国家公益林の所有者または経営者が農民である場合に，補助資金を農民に給付する仕組みである。三番目は農民の林業融資に対する中央財政の利息補助制度である。具体的には，林業農家が個人として林業資源開発や林産品加工産業に従事し，そのために必要な経営資金を商業銀行から借り入れを行った場合に，中央財政はその規模に応じて利息の補助政策を行っている。四番目の支出項目は森林育成管理に対する補助政策である。これは森林の育林事業や管理事業の実験事業を請け負った農家に対して行う補助政策である。五つ目は，農民の造林事業に対する補助政策である，先進的な苗木技術を導入し，荒地や荒れ山，沙地などに人工造林や人工更新を行う際に，その面積が１ムー（畝）を超える農家に対して行う補助政策である。

36　2013年3月に実施した京津風砂源対策プロジェクトの拠点の一つである河北省承徳市平泉県の実地調査，および2014年3月に実施した陝西省北部楡林市楡陽区（砂漠化対策拠点）および米脂県（黄土高原の退耕還林事業の拠点）の実地調査で明らかになった。

三番目の補助受益者として集団組織がある。これは村や生産隊組織に対して行う補助政策であるが，その中身は，①中央財政が行う森林生態便益補助基金，②林業融資に対する中央財政の利息補助資金，③森林育成管理に対する補助資金，④造林補助資金の四つの種類から構成される。

　四番目の受益者は森林企業の従業員である。まずは天然林資源保全プロジェクトの財政資金の中には，森林育成管理費や社会保障保険補助金が含まれており，これは森林企業の従業員の森林管理や年金医療保険制度への加入金などを保障するための支出金として定められている。そのほかの林業融資への中央財政の利息補助資金や森林育成管理のための補助資金，造林補助資金などの項目の中にも，従業員個人への経済的なコストを軽減させる措置がそれぞれ組み込まれている。

　最後の受益者は優良な森林企業が挙げられる。森林関連産業の発展をけん引し，新しい産業として育成していく意味で，林業融資や林業基本建設項目の融資に対して中央財政が利息の補助政策を適用させるなどの優遇政策を実施している。

　このように森林財政の構成内容や各主体の多様化の過程からみるかぎり，政府間の財政関係では中央財政を中心に地方財政の森林建設への資金投入が徐々に広がるようになっている。また受益者の主体からみた場合，大規模な国家林業重点プロジェクトの直接的な資金投下のほかに，さまざまな育林事業や森林管理，森林産業の活性化などの面において個人や企業に対する各種の補助政策が充実されつつある傾向が読み取れる。

7.4　森林財政の発展とその傾向

　中国経済は完全な計画経済（1953 〜 1979 年），過渡期の計画的商品経済（1980 〜 1991 年）および社会主義市場経済（1992 年以降）の三つの発展段階を経験した。各段階における経済発展状況の違いや財政政策および財政状況の違いなどの要素によって，それぞれの段階における森林政

策への国家財政の関わりは，それぞれの特徴をもつ。

計画経済体制の下では，財政資源の配分は主に行政手段によって各事業主体や政策主体，各政策領域に配分された。いわゆる高度集中的な政策資金配分決定システムが機能した。また当時の林業基本建設投資は全時期を合わせて164.70億元の小規模に留まっており，年平均成長率も9.05％に過ぎなかった。

1980年代の過渡期の計画的商品経済体制に入ってからは，国の財政制度および財政機能改革を追い風に，従来の統一的な収入，統一的な支出という管理体制から，政府間の事務分担ルールをもとに一定水準の財源確保手段や裁量権が認められるようになった。その結果，財政予算内の一部資金がそれまでの交付形成から貸出という有償使用形式に改められた。財政資金の公共性や資金投下の効率性の実現が目的だった。しかし，この時期の林業全体の基本建設事業はそれほどの発展がみられなかった。同時期全体の林業基本建設投資は180.04億元で，年平均成長率もわずか9.89％に過ぎなかった。

1992年以降の社会主義市場経済への移行は，経済の急速な発展とともに，国家財政収入の大幅な改善がみられた。その結果，林業政策もそれまでの木材生産を中心とした発展戦略から生態環境保全へと大きく方向転換を図った。具体的な林業産業の発展と同時に，生態環境保全と森林と文化の融合的発展を同時に重視する発展モデルへ転換した。

この三つの時期における森林財政の発展傾向は次のような特徴をもつ。

第一に，林業全体の投資規模が明らかな拡大傾向を示している。表9.1に示されたように，1981年の国全体の林業投資金額が64.92億元であるのに対して，1985年は80億元を超え，1993年には140億元を，1995年には190億元を超え，1999年には600億元に近い勢いを示している。2000年以降は，さらにその傾向が強くなり，2003年に3000億元を超え，2008年には5000億元を超える規模に拡大され，2009年には7000億元以上，2011年には1兆元を超え，2012年には1兆5000億元を超える規

表 7.2　1999 〜 2012 年中国林業投資構造の内訳（単位：%）

年	国家財政	国内融資	外資	自己資金	その他資金
1999	50.76	8.67	2.81	22.84	8.35
2000	66.35	5.33	2.19	20.07	6.06
2001	73.45	3.50	1.18	14.50	7.37
2002	80.81	2.70	1.03	10.75	4.72
2003	77.05	2.65	1.17	12.94	6.20
2004	79.48	1.54	1.17	10.92	6.89
2005	79.28	1.58	1.41	10.22	7.51
2006	73.31	1.97	1.13	12.09	11.50
2007	70.32	2.09	1.37	9.79	16.42
2008	57.64	1.46	2.09	24.89	13.91
2010	56.84	10.60	0.42	15.45	16.69
2011	46.23	9.75	0.94	31.63	9.40
2012	47.45	9.99	0.83	26.87	14.86

出所：国家林業統計年鑑（各年度版）および国家林業局統計部門のインタビューに基づき作成した。
注：国家統計局が公布する社会全体の固定資産投資の資金源は，①国家予算資金，②国内融資，③外資，
　　④自己調達，⑤その他資金から構成される。表 7.2 は，この基準を参考に算定した。

模に達した。

　第二の特徴は，林業投資全体に占める国家財政の比重が非常に高く，その傾向が強まるという点である。中央財政と地方財政を合わせた国家財政資金の林業投資に占める比重は，1981 年には 46.13％だったが，1990 年には 43.57％，1999 年には 54.88％を占めた。2000 年以降もこの傾向が続き，2002 年には 80％を超え，2011 年には 42.03％に低下した。相対値からみた場合も国家財政の林業への資金投下は非常に大きいことが読み取れる（表 7.2 を参照）。1999 年から 2012 年までの林業投資資金の構造からみた場合，国家財政の資金比重はいずれの年も 45％を下回ることがなかった。2002 年は最も高い比重を示し，80.81％に達した。最も低い 2011 年も 46.23％に達した。これは，国の林業生態環境保全や林業産業の発展過程の中で，国家財政が大きな役割を果たしたことを意味する。

第 7 章　移行期公共財政体制下の森林財政

表7.2の国内融資が林業投資全体に占める比率は10%を下回る水準で推移した。2010年には10.60％に上昇し，2011年と2012年もほぼ10%水準で推移した。このように国内融資の絶対的比重はそれほど高くないが，他方で絶対値の総額は上昇の傾向にある。2010年，2011年，2012年の国内融資規模は，それぞれ73,005億元，90,593億元および94,664億元に達した。その背景には，国家林業局および中国人民銀行，財政部，保険監督協会など関連部門と共同で公布した「集団林権制度改革と林業発展のための金融サービスに関する指導意見」による後押しがあった。この指導意見によって初めて集団林権の抵当融資サービスをサポートする制度作りがなされた。自主調達資金の比率が最も低い年は2007年となるが，最も高い年は2011年の31.63％に上った。同じく，財政資金以外のその他資金が林業投資全体に占める比重が次第に上昇傾向にあることを確認することができる。

　1999年から2011年までの林業固定資産投資が社会全体固定資産投資に占める平均比重は1％に満たない（表7.3）。最高水準の2011年もわずか0.77％しかなく，最低水準の1999年には0.34％に過ぎなかった。国内融資のベースでみると，その比重は1999年から2008年の間に千分の1前後で推移した。2010年と2011年には顕著な改善傾向がみられたが，これは集団林権制度改革以降に実施した林権抵当融資サービスの導入と密接に関係する。2012年には26省市区で導入され，林権抵当融資面積が5,780.49ムーの，累積融資金額が729.31億元に達した。1ムーの平均融資額は1,470.66元になった。その反面，外資による林業固定資産投資が社会全体固定資産投資に占める比重は非常に小さく，千分の5に満たない水準にある。また，自己調達資金やその他資金による林業固定資産投資は，社会全体固定資産投資に占める比重は千分の4に満たない水準である。表7.3に示されるように，林業固定資産投資における国家財政資金が社会全体固定資産投資に占める比重は高い。最低水準の1999年には2.99％だったが，最高水準の2003年には11.43％に達した。

表7.3　投資財源別の林業固定資産投資が社会全体固定資産投資に占める比重（単位：％）

年	国家財政資金	国内融資	外資利用	自主調達・その他	平均
1999	2.99	0.17	0.15	0.17	0.34
2000	5.35	0.13	0.22	0.2	0.51
2001	6.01	0.1	0.14	0.17	0.55
2002	7.95	0.09	0.15	0.16	0.69
2003	11.43	0.09	0.18	0.18	0.68
2004	9.63	0.04	0.14	0.13	0.53
2005	8.38	0.04	0.16	0.11	0.46
2006	7.77	0.05	0.13	0.13	0.42
2007	7.54	0.06	0.17	0.14	0.42
2008	6.83	0.05	0.37	0.26	0.52
2010	7.26	0.4	0.15	0.24	0.58
2011	8.77	0.59	0.45	0.39	0.77

出所：中国統計年鑑（各年度版）および中国林業統計年鑑（各年度版）に基づき算定した。

　このように，林業固定資産投資における国家財政資金が，社会全体の固定資産投資においても重要な役割を果たしていることが分かる。これは政府が林業の生態機能回復事業と林業産業発展の政策を重視していることが大きく影響しているものと考えられる。また現段階では，国家財政による公的支出への資金依存度が高いことから，将来的には国内融資や外資の利用，自己調達手段およびその他非財政資金の多様な資金チャネルを開拓する必要性を示している。

　第三の特徴は，林業重点プロジェクトが林業全体投資に占める役割が大きい点である。表9.1に示されたように，林業重点プロジェクトの投資額および林業重点プロジェクトにおける国家財政資金の投資額が，非常に大きいことが分かる。しかし，割合のベースでみた場合，林業重点プロジェクトが林業投資完成額に占める比重は，上昇傾向から低下に転じている。1990年の52.74％から2006年の92.13％に上昇した後，2011年には83.17％に低下した。また林業重点プロジェクトの国家財政資金の比重からみた場合，同様の傾向が示されている。1990年の

第7章　移行期公共財政体制下の森林財政　119

43.57％から 2002 年の 80.51％に上昇した後，2011 年には 42.03％に低下
した。

　これらの傾向は，国家財政資金が林業投資のすべての領域に関与する
という発展モデルから林業重点プロジェクトが先導的な役割を果たし，
林業重点プロジェクトが林業生態建設のほか，文化の構築や産業発展の
誘導など，多面的な役割をより重視し，生態環境保全と林業産業発展を
同時に達成したい政府の政策的意思を反映するものと考える。また政府
主導の下で，財政資金の他に多様な社会主体がさまざまな形式で林業産
業に参入することで，産業育成と生態環境保全事業に民間資金を誘導し
たいという，政府の思惑を感じさせられる。そうすることで森林財政は
より公共的な領域の財やサービスの提供に特化し，財政資金の効率化を
図り，民生財政や公共福祉の最大化を図ろうとしている。

　第四の特徴は，森林工業投資の比重が減少し，育林事業の投資比率が
拡大される傾向である。森林投資の概念区分からすると，中国の林業固
定資産投資は，①育林固定資産投資と，②森林工業固定資産投資の二つ
に分けることができる。1997 年に，育林固定資産投資総額が林業固定
資産投資総額に占める比重は，森林工業固定資産投資総額が林業固定資
産投資総額に占める比重を上回った。2000 年には，前者の比重が 90％
を超え，2003 年から 2007 年まで 95％以上を維持した。2008 年以降に
は若干の低下傾向にあるものの，2010 年時点でのその比重は依然とし
て 76.89％を維持している。

　これは森林財政の動向が森林工業重視から育林造林事業へ転換してい
く過程を意味しており，国家林業発展戦略が従来の木材生産方式から生
態環境保全へ転換したことを物語る。また国家財政が従来の競争的領域
における経営機能から公共領域のサービス機能へ転換していく過程を意
味する。

　第五の特徴は，林業投資が生態建設へ傾斜する傾向が示された。上述
したように，林業重点プロジェクトの実施や西部地域を中心とする生態

表 7.4　2011 年，2012 年森林財政の林業投資における生態建設状況

年 項目	2011		2012	
	金額（万元）	比重（％）	金額（万元）	比重（％）
生態建設および保全	1,302.50	49.48	1,604.12	48.00
林木苗木，森林防火，有害生物防治など林業支援と保障	300.66	11.42	222.88	6.67
林業産業発展	522.41	19.84	820.71	24.55
その他資金	507.04	19.26	694.38	20.78

出所：国家林業局の統計部門のインタビューおよび中国林業統計年鑑（2011 ～ 12 年度版）に基づき作成した。

環境保全への転換および森林工業投資から育林事業投資への政策転換は，国の森林政策が生態環境保全を優先的なポジションに位置付けていることを意味する。

表 7.4 は，2011 年と 2012 年の林業投資に反映された森林生態建設事業への資金投下状況を示したものである。

2011 年には，生態建設および保全事業に投下された財政資金は 1,302.50 万元であり，林業全体投資額の 49.48％を占めた。林木苗木，森林防火，有害生物防治など林業支援と保障のための資金投入は 300.66 万元であるが，林業産業発展への投下資金は 522.41 万元，その他資金は 507.04 万元から構成された。

2012 年の生態建設および保全への資金投入は 1,604.12 万元に上り，全体林業投資額の 48.00％を占めた。それと対照的に林業産業発展のための資金投下は 820.71 万元で 24.55％を占め，「その他資金」に含まれる林業危険住宅改造やその他の社会基盤整備には 245.46 万元が支出された。

最後の特徴は，林業補助金制度が林業投資の新しい財政資金形態になりつつあるという点である。表 7.5 は，2011 年から 2013 年の間に実施された林業補助金の種類や金額をまとめたものである。

森林生態便益補助基金は，1998 年に改正された森林法の規定によって新設された林業補助金制度である。これは生態便益の機能を果たす防

護林や特殊用途林の森林資源保全，造林，育林，およびそのための保全や管理に対して交付される補助金である。国家林業局の担当者によれば2001年から2003年の間に，中央財政は毎年の予算内資金から10億元を捻出し，11の省地区で展開される森林生態便益補助事業の実験拠点に交付された。当時の実験総面積は2億ムーに達し，補助基準は5元／年・ムーとされ，補助資金は重点防護林と特殊用途林の管理と保護経費として支給された。3年間の実験期間を経て，2004年には中央財政の予算編成に20億元規模を確保し，中央財政森林生態便益補助基金として正式に稼働された。補助基準は5元／年・ムーとし，補助対象面積を4億ムーに拡大させた。補助基金の用途は重点公益林の管理者が負担する造林，育林，管理，保全経費に対して支給すると定めた。2006年には30億元の予算規模と6億ムーの補助面積に拡大し，2009年には52億元の予算規模と10.49億ムーの補助対象に発展した。2010年の中央1号文件と中央林業政策会議の内容によって，2010年の中央財政の集団または個人が所有する国家公益林に対する補助基準が10元／年・ムーに改められ，補助金の予算は75.8億元に上った。2010年には，各省，自治区では「国家公益林区画画定弁法」の規定に基づき，国家公益林に対して追加的な調整を行った。2012年には，国家林業局が財政部と共同で各地の国家公益林の区画結果について審査認定を行い，全国で合わせて18.67億ムーを国家公益林（その内，国有林が10.67億ムー，集団林と個人所有林が8億ムーとなる）として確定した。

　国務院の「天然林資源保護プロジェクト第二期実施方案」に基づき，2012年の中央財政の補助基金は109.3億元に上るが，集団と個人農家に対する80億元，補助面積13.85億ムーが含まれる。それに加えて天然林資源保護プロジェクトの中で，中央財政から交付される森林管理費補助対象となる4.82億ムーの国有国家公益林を含めると，全国で確定された国家公益林は18.67億ムーに達する。中央財政のこれらの公益林のすべてに対して補助金を交付しており，この制度の構築によって長い間

表7.5 中央財政林業補助金の導入年度・項目・金額（2011 ～ 13 年）（単位：万元）

項目	導入年度	2011	2012	2013
合計		377.91	438.216	458.776
1 森林生態便益補助基金	2001	96.79	109.26	149.26
2 林業補助資金		58.80	86.61	91.32
2.1 林木優良品種補助資金	2010	2	4.496	4.796
2.2 造林補助資金	2010	5.5	25.35	28.51
2.3 森林育成管理補助資金	2009	51.3	56.76	58.01
3 林業保全補助資金		3.00	4.50	8.50
3.1 林業国家級自然保護区補助資金	2008	1	2.5	3
3.2 湿地保全補助資金	2010	2	2	2.5
3.3 砂漠化土地封鎖禁牧保全補助実験資金	2013			3
4 林業防災減災補助資金		3.10	2.50	2.50
4.1 辺境森林防火隔離帯補助資金	1994	0.5	0.5	0.50
4.2 林業有害生物防除補助資金	2005	2	2	2
4.3 林業生産災害救済資金	2007	0.6		
6 林業改革補助資金				
6.1 集団林権制度改革関連経費				
6.1.1 集団林権世土改革必要経費	2008			
6.1.2 農民林業専門合作社の育成	2009			
6.1.3 農（林）設備購入補助	2011			
6.2 国有林場改革	2011		12	
6.3 国有林改革	2011			
7 林業科学技術普及モデル事業展開資金	2008	3	4	4.3
8 林業産業育成				
8.1 融資利息補助金	1996	11.19	13.30	15.5
8.1.1 林業融資における中央財政利息補助		9.56	12	14
8.1.2 林業基本建設事業の融資利息補助		1.63	1.38	1.5
9 その他特定資金		62.97	49.49	34.79
9.1 森林警察移転交付金	2010	5.4	5.89	5.89
9.2 貧困国有林場の貧困支援資金	1998	2.9	3.2	3.5
9.3 製品油価格改革に対する中央財政補助	2006	54.67	40.4	25.4

出所：国家林業局の計画統計部門へのインタビュー，および中国林業年鑑（各年度版），江西省・河北省・陝西省などの地方林業部門のインタビューに基づき作成した。

の政策課題だった森林生態便益の無償使用の歴史を終わらせることができた。そうすることで，公益林経営者や所有者が被ってきた経済的な損失を補償し，貧困な山村地域の農民の経済収入を保障する制度を確立させた。

　林業補助金政策は，2010年以降，段階的に導入された内容が多い。その中には，林木優良品種，造林，森林育成の三つの補助制度のほかに，森林生態保全を政策目的とする国家級自然保護区補助資金や湿地保全補助資金，砂漠化土地の封鎖禁牧保全事業の実験拠点の補助資金なども含まれる。具体的な補助政策と補助項目は，表7.5に示されたとおりである。林業財政の補助資金または補償基金は，今後の中国の林業経営主体を支援する主な経済的手段であり，これは国際的な森林管理の経験と森林財政の発展方向性と合致する政策的選択ともいえる。

おわりに

　国家財政の質的量的変革の中で，森林財政はその発展に対応する形で計画的な財政機能から公共的領域へと機能転換を行った。分析からは以下の特徴が明らかになった。

　まずは，社会主義市場経済における移行期公共財政の一つの形態として森林財政が機能するため，成熟した資本主義市場経済下の公共財政に比べて，制度の構築や機能の転換の面で後れをとる場合がある。しかし，全体的には公共財政としての機能転換を段階的に図っている傾向を読み取ることができた。

　二番目は，依然として中央財政の森林財政における主体的な役割が顕著に表れている。これは，森林政策が中央政府によって立案され，地方や国有企業によって執行されるという計画経済体制の中央集権的な行財政システムが強い機能をもっているからである。しかし，ここ最近は，正式な統計体系には正確に反映されないものの，地方財政に対する国の

責任分担論が強化され，地方政府自身も地域の公益性の観点から森林財政への関与度合いを次第に強化されつつある。

　三番目の傾向として，第 11 次五ヵ年計画期間（2006 ～ 2010 年）の後半からは，村や森林企業，林業農家に対する個別的な補助金制度が新たに構築されるようになった。それまでの国主導の林業重点プロジェクトを中心とする植林事業への資金投下から，より多くの社会資源を動員した育林事業への資金投下へと政策シフトがみられた。また，それまでの森林の生態便益には，国有林であろうと林業農家の個人所有林であろうと，無償利用が前提とされていたものが，森林管理者または所有者の経済的損失への妥当な補償を前提とする持続可能な育林・森林管理システムへ転換しつつあることが確認された。

　最後は，森林投資に占める国家財政の資金比重が依然として高い状況を確認した。しかし，ここ数年の傾向としては，財政資金以外の国内融資や自主調達資金などの発掘と動員が注目されるようになり，そのための投融資制度が整備されつつあることが確認された。

第**8**章

生態公益林補償制度における
政府間財政関係

はじめに

　中国は広い国土のわりには森林資源が乏しい国であり，長い歴史の中で経験した戦乱や開発行為によって1949年の建国当時の森林被覆率はわずか8.7％しかなかった。1950年代に水土保持に関する条例が公布され，特に1970年末には三北防護林建設[37]や主要河川流域における防護林建設などの森林保全政策がスタートし，1998には天然林資源保全

37　ここでいう「三北」とは，中国の東北地区，華北地区，西北地区を指す。このプロジェクトは1978年から始まった国家重点プロジェクトであり，現在第4期に入った三十数年におよぶ継続事業の一つである。東は黒竜江省賓県から始まり，西は新疆烏孜別里山の入口まで広がる全長8000km，幅400～700kmにわたる壮大なプロジェクトであり，鄧小平氏によって「グリーン長城」と命名された。

38　ここでいう主な河川流域は，長江上流中流地域，淮河・太湖流域，黄河中流地域，珠江上流中流地域，遼河上流中流地域を指す。国家十大防護林政策の一環として1979年から順次実施された。流域防護林建設プロジェクトは現在も継続的に行われている。

127

など6つの領域にわたる重点生態建設事業[39]が実施された。これらの事業が功を奏して，国全体の森林状況が少しずつ改善されるようになった。国の第7次森林資源調査（2004〜2008）では，国土森林の被覆率が20.36％まで改善されたことが確認できた（金紅実(b)2011）。本章は生態公益林建設事業における補償制度に注目し，公共財としての公益性への財政学的なアプローチを中心に，政策の執行過程における中央財政と地方財政の役割や財政資金の移転を中心とする政府間の財政関係を明らかにする。

　国家生態公益林の基準や公益林の建設および管理維持コストにおける中央財政の負担構造とその特徴を概観する中で，江西省の生態公益林の事例を取り上げ，地方生態公益林建設の実態や資金メカニズムについて検討を行い，生態公益林の資金メカニズムにおける政府間財政関係の課題を総括する。

8.1　森林公益的機能の日中比較視点

　2000年に施行された中国森林法実施条例では，「森林資源は，森林や林木，林地および森林や林木，林地に依存して生息する野生動物および植物，微生物を含む」と定義している。この定義からは，森林がもつ多様な生態的機能を窺うことができる。森林は人間社会の生産・生活活動の持続可能な発展のために木材資源を提供する木材生産機能を有する。同時に水源の涵養や水土保持，生物多様性の維持，二酸化炭素の吸収など，私たちの安全な生存基盤となる生態的機能を有する。この二つの機

39　1998年に発生した長江大洪水被害事件を契機に，中国政府は生態系機能の重要性を改めて痛感するようになり，関連予算を大幅に増加させると同時に，天然林資源保護や退耕還林（草），京津風砂源対策，動植物保護および自然保護区建設，湿地保護，森林資源速成拠点建設など，六つの分野の大規模な国家森林重点プロジェクトを開始した。

能は本来相反する関係ではなく，相互依存の関係にある。森林の木材生産機能の好循環は生態的機能の向上につながり，生態的機能の向上はかえって木材生産能力の向上のために有利に働く側面がある。

しかし，人間社会の長期にわたる開発歴史の中で，木材資源を採取しすぎた結果，森林の生態的機能が低下し，やがて我々の生存基盤を脅かす事態まで発生した。日本の明治や大正時代の森林政策に保安林制度が登場し，保安林の伐採が厳しく制限され，2000年前後から中国でも生態公益林制度が注目されるようになったのは，このような木材生産機能と生態保全機能の均衡関係が破壊され，我々の生態基盤に危機を生じさせたことを意味する。

日本の保安林制度の歴史は江戸時代の各藩による留山などの保全措置に遡ることができるが，明治時代の1897年の森林法の定めによって初めて保安林制度が確立された。現行の森林法は1951年に制定され，当法は第25条から第40条にわたって森林保全制度における特別規定を行い，水源の涵養，土砂の崩壊およびその他の災害防備，生活環境の保全および形成などの特定の公共的目的のために必要な森林を，農林水産大臣または都道府県知事の権限によって保安林として指定ができるとした。そして，公益性の種類によって17種類の保安林に区分した。

日本の森林所有形態は国が所有する国有林のほか，地方自治体が所有する公有林と，私有林の総称として定義される民有林に区別される。法律では保安林の公益的機能を確保するために，森林所有者に対して森林保全と適切な管理，施業を内容とする作為義務と，立木の伐採や土地の形質の変更などに対する不作為義務を規定している。同時に，資金調達の担保手段の一つとして，①保安林整備事業費補助金，②保安林損失補償事業費補助金などの優遇措置を導入している。現在，国有林のほとんどと民有林の約3割が保安林に指定されている。

その中で民有林の管理監督は都道府県によって行われるため，国の補助金や財政補償資金は政府間財政移転制度を通じて執行され，各都道府

県財政はそれぞれの財政事情や政策要請に基づいて上乗せ政策などの優遇策を講じる場合がある。ここでいう①保安林整備事業費補助金は，第一に民有保安林（国土保全上または国民経済上，特に重要な流域の水源涵養のための保安林，土砂流出防備のための保安林および土砂の崩壊防備のための保安林を除く）の指定や解除を行う事務，および第一の目的で指定された保安林の指定施業要件（指定時に定められる保安林としての機能を果たすために最低限守るべき森林の取扱方法）の変更の事務，の遂行に必要な経費に対して行う補助制度を指す。これは 2000 年から 2 分の 1 の補助率で都道府県によって実施されている。②保安林損失補償事業費補助金は，民有保安林の指定に伴う伐採制限によって発生する経済的な損失について行う経済的な補償制度である。具体的には，国は保安林の指定に伴う立木伐採制限，立木資産凍結に対する利子相当分の経済補償を行い，都道府県は飛砂防備や防風，干害防備などの公益的機能の保全を目的とする保安林にかかる損失補償を指す。この制度は 1952 年から実施され，2 分の 1 の補助率で都道府県によって実施されている。この二つの財政措置のほかに，保安林の造林事業に対して行う税の控除や造林補助政策融資[41]などの優遇制度も存在する。このように日本の保安林は，国や都道府県による税財政優遇政策の実施によって，その公益性が実現され維持されている。

　中国の生態公益林の定義および政策的な位置付けは，日本の保安林制度と概ね一致する。森林が保有する多様な生態的機能に注目し，人間の生産，生活の持続的な発展のために行われる木材生産を目的とする造林

40　農林水産省林野庁の HP に基づき整理した。http://www.rinya.maff.go.jp/ j/kouhou/bunyabetsu/index.html（2013 年 5 月 1 日アクセス）

41　石崎涼子（2012）は，1950 年代から 80 年代にかけて，民有林の造林助成制度における融資政策によって，高い貸付残高に苦しむ造林者の実態を指摘した。しかし本書は，このような融資制度や補助金制度，および補償制度による政策効果を研究対象としないため，言及しない。

事業や森林伐採事業の中から，人間の生存基盤にかかる必要最小限度の公益的空間として一定の割合の森を確保し，保全措置を施すことを政策目的とする。

中国の森林は所有形態からみた場合，法規定に基づき国有林と集団所有林に区分される。農民の造林，育林の積極性を引き出すために，2000年以降から集団所有林（多くの場合，村が共同所有する）の制度改革が行われ，立木に対する農民の所有権と林地の利用権を認めるようになった。また森林を機能面から生態公益林と経済林（商業林と呼ぶ場合もある）に区別している。日本の保安林と同様に，中国の生態公益林は必ずしも国有林に限定されるものではなく，集団所有林もその認定対象となる。

現行の制度では，国の委託事務として，①造林事業を中心とする6つの領域にわたる国家林業重点事業の地方への委託事務，②国家重点生態公益林の管理に関する委託事務，③集団生態公益林の育林コストおよび伐採制限に伴う経済損失に対する補償事務などが含まれる。そのほかに，各級地方政府においても法律や国の奨励政策の影響，または地元のニーズに基づいて省級，県級，市級のそれぞれの生態公益林制度を導入するケースがあり，今後も広がる趨勢にある。地方生態公益林の認定手続きや関連必要補償資金の支払方法は，原則上，国の重点生態公益林の財政制度や政府間資金移転制度に準拠して行うケースが多い。

8.2　生態公益林補償制度の発展と森林財政

森林財政は国の予算制度の一部分であり，国の森林政策の傾斜状況を表す重要なバロメーターである。そのため，森林予算の執行過程は，国の財政制度の特徴やその改革の諸要素に左右されやすい側面をもつ。

中国の本格的な森林再生事業は，1978年の三北防護林建設事業から始まる。当時は脆弱な経済基盤の再建が最優先政策課題として位置付けられ，多くの社会資源が生産力の解放，つまり経済発展のために動員さ

れた。他方で，資源の不足や砂漠化などの低下した生態機能の脅威を認識し，近代化の初期段階から造林事業を中心とする生態環境保全政策を実施してきた。また，公害対策における政府の不作為の多発現象とは対照的に，生態環境保全政策においては国や地方政府による資金面の積極的な関与がみられ，財政資金の投入規模はますます拡大する一方で，カバーする公共政策の範囲も広がりをみせている。

　かつての計画財政の時代には国営企業の経営活動への介入を通じて，経営計画や経営資金の調達の中に企業の汚染対策資金を組み入れる傾向があった。要するに実質上の汚染源対策費用の負担者は国であり，国家財政であった。近代企業制度の導入や市場経済の競争原理が導入されてからは，国や財政機能は企業経営から撤退し，企業の汚染源対策は汚染者負担原則や企業の社会的責任の理念の下で原因者が負担する仕組みに転換した。しかし，地方政府の経済発展ノルマや経済政策の自主権限が拡大するにつれて，地方財政の重要な財源となる地方経済主体に対する汚染源コントロール政策の中では癒着関係や汚染行為を見逃すという現象が発生しており，その結果，一定の経済基盤と技術開発能力を形成しているにもかかわらず，公害対策が一向に進まないことから，環境の悪化をもたらしている。要するに公害対策の領域では，市場の資源配分機能の失敗と政府の資源配分機能の失敗が同時に発生している。それに対して生態環境保全政策の領域では，国の多くの財政資金を投下し，公共財や公共サービスの重要な要素として位置付けている。表8.1はこのような政策傾向を示すものである。

　表8.1からは，財政資金の投入状況と政策領域の拡大傾向から国や地方政府の造林事業を中心とする生態環境保全政策の具体的な取り組みを窺うことができる。これらの事業は，国の重点事業または特定事業として実施され，国の委託事務として政府間の財政移転制度を通じて地方の政策執行をコントロールした側面がある。

　1997年以前においては，西北，華北，東北部の三北防護林建設事業

表 8.1　国の生態環境保全事業と関連支出 (単位：億元)

年度	林業投資への公共支出 (%)	林業総投資額	十大林業生態保全事業	全国生態環境重点事業	天然林資源保全事業	退耕還林事業	京津風砂源対策	野生動植物保全事業	湿地保全事業
1979〜89	3.5　(565)	6.2	3.5	–	–	–	–	–	–
1990	1.3　(500)	2.6	1.3	–	–	–	–	–	–
1998	30.1　(627)	48.0	7.9	1.6	20.6	–	–	–	–
1999	52.5　(684)	76.8	12.7	4.7	35.1	–	–	–	–
2000	89.4　(790)	113.2	16.5	–	58.3	14.7	–	–	–
2001	135.3　(764)	177.1	14.6	–	88.8	24.8	5.9	1.2	–
2005	321.1　(892)	360.1	9.1	–	58.5	218.6	32.5	2.4	–
2006	325.5　(921)	353.3	8.5	–	60.4	222.5	31.0	3.1	0.7

出所：中国林業年鑑 (各年度版) より筆者作成。
注1：国家林業重点プロジェクトには，表中の天然林保護事業，退耕還林事業，京津風砂源対策事業，野生動植物保全事業，湿地保全事業が含まれる。
注2：十大林業生態事業は，三北防護林建設事業を含め，長江や黄河，珠江，淮河など主要河川の沿岸地域の防護林建設事業から構成される。

をはじめ，長江など主要河川の上中流地域や太行山，主要平原の防護林建設事業を中心に行ってきた。当時は国全体の資源配分計画における造林事業の位置付けや国全体の資金力不足などの諸制約によって，国全体の投資規模は，非財政資金の投資も含めて，年間わずか3億元未満の小規模に過ぎなかった。しかし1998年には国の公共支出が30億元を超え，その後も年々拡大し続けた結果，2001年には135億元を超え，2006年には325億元を超えるまでに至った。支出項目の内容から分かるように，それまでの十大林業生態保全事業に加えて，1998年には国家林業重点事業である天然林資源保全事業がスタートし，2000年には退耕還林事業が，その翌年の2001年には北京天津風砂源対策と野生動植物保全事業が加えられ，2006年には湿地保全事業がスタートした。また，これらの事業全体における国の財政資金のウェイトもますます大きくなり，2006年には約9割を占めるに至った。

　その背景には三つの社会的な要因がある。一つは，環境政策の取り組

みの特徴によるものである。中国の環境問題は，かつての日本や先進国のように，一定の経済的基盤を形成してから環境問題に対処し，環境問題が直面した政策課題を順次に克服したことに対して，中国は経済開発の初期段階から環境問題に対処しなければならず，工業型公害問題や都市廃棄物の問題，生態環境の破壊問題など，いくつもの重大な政策課題を同時に複合的に対処しなければならない現実に直面した。経済的，資金的側面の制約が大きかったこともあって，有限な資源を緊急性と優先度が高い順に配分していく必要性があった。その結果，国の生態環境保全事業も最初の段階では小規模でしか対処できなかった。そして，一般予算による恒久的予算措置ではなく，国家の重点プロジェクトまたは特定プロジェクトという暫定的な措置を採用し，財政資源の蓄積が一定程度に達してから初めて大規模の資金投入を行ったのである。その頃から社会的な政策要請も強くなったことから，プロジェクトの対象範囲を徐々に拡大させていった。

　二つ目は，社会主義市場経済の発展と財政改革の進展に伴って政府および財政機能が次第に公共的領域へシフトしていくという制度のダイナミックな変化の影響が大きかった。1998年以前の環境政策は，県以上の国有企業を対象とした都市部中心の汚染源対策に重点が置かれた。政府機能と国営企業が一体的経済体をなしている特殊な構造の中で，国の財政資源の多くが国営企業に投下された。1998年の国有企業の近代化企業制度の改革によって政府機能と分離されると，企業の汚染源対策費に占める財政支出の割合が顕著に減少し，それまでの企業経営活動への介入を通じて行ってきた環境対策から離脱することができた。その結果，資本主義市場経済を対象とする市場の失敗の補完機能が中国の財政機能においても現れ始めたのである。それまでの国の環境対策費が企業の汚染源対策に投下されていた状況から一変し，公共財としての性格をもつ造林事業などの生態環境保全領域に傾斜するようになった（金紅実(a) 2011）。

三つ目は，経済の開放改革政策の導入に伴って浸透した社会主義市場経済体制下の財政制度改革，特に政府間の財政移転制度の改革が，多くの課題を抱えつつも，政府間の機能配分のために徐々に機能し始めたことである。中国の政府間財政関係の発展は，概ね三つの段階に分けて考察することができる。第1段階は1984年から94年であり，公共財としての政府の公共サービスの提供機能が形成され始めた時期である。第2段階は1995年から2005年であるが，この時期に，分税制の導入や公共財政の用語の提起に見られるように，政府の公共的機能配分の機能が確立され拡大していった。第3段階は2006年から現在に至るまでで，政府の公共機能が拡充され，国全体を対象とした基本公共サービスの均等化（ナショナルミニマムの実現）の能力がいっそう鮮明になり，福祉国家の政策課題が重要視された時期である。

　このような公共財政への機能転換を図る中で，政府間財政関係も変化を遂げ，機能面の拡充を図ってきた。第1段階では，国営企業の経営システムへの資本主義競争原理の導入による必然的な結果として，それまで担ってきた一部の都市住民に対する公共サービスの提供機能を次第に社会の公共的領域に吐き出すようになり，それによる国や地方財政に対する公共サービスのニーズが強くなった。分税制改革は支出面の分権傾向を強める中で，歳入面での国のマクロ政策のコントロール能力とそのための財源確保が優先的に考慮された。そのため，国民への人的サービスの多くを担う地方財政の歳入と支出の間に不均衡が生じた。その結果，国は，地方財政に国民に対する公共サービスの提供義務を強く求める一方で，緊急かつ重大な社会問題の解決策として，特定事業計画を打ち出し，特定財政資金の政府間の財政移転制度をもって地方の政策執行をコントロールしようとした。当時は，①過渡期の財政移転制度，②特定財政資金移転，③税の還付金制度の三つの移転制度が導入されたが，その後の第2段階では，第1段階で構築された過渡期の財政移転制度を均衡型財政移転制度に発展させた。しかし，均衡型財政移転制度は名前ほど

の包括的な資源支配権限を地方財政に与えておらず，地域間財政力の均衡化を目的とする一般的財政資金の移転規模が小さく，特定財政資金移転と税還付金制度による移転規模が均衡型財政移転規模を遥かにしのぐという移転構図を打破することができなかった。現行の政府間財政移転制度では依然としてこの性質を強く受け継ぐ傾向にある。この特徴は，中央財政と省級財政の間だけではなく，省級財政と省級以下の地方財政の間においても似たような構図が形成され，上級財政の集権的傾向が強まる一方で，政府間の財政移転制度をもって下級財政の公共財の提供能力を誘導し，コントロールする傾向がみられる。

　表 8.2 は，2008 年のデータを事例に，このような制度的発展の背景の下で行われた造林事業の発展状況を示しており，11 の項目に分けて，各項目における防護林と特殊用途林の建設状況を示している。国の公共事業として行われた生態公益林の建設および保全政策は，概ね二つに分類する。一つは，1998 年以前から行われた十大防護林建設事業と呼ばれる事業で，その中には 1978 年から始まった三北防護林建設事業とその後の時代に応じて順次に行われた長江や黄河，珠江など国内の主要河川流域の防護林事業，および平原地域や太行山で行われた緑化事業がある。三北防護林建設事業は 1978 年に実施され，2008 年の時点では第 4 期の建設計画期間に進んだ。長江流域および珠江流域の防護林建設事業と平原や太行山の緑化建設事業は 2008 年の時点で第 2 期の建設計画期間に入った。もう一つは，1998 年以降に実施された国家六大林業重点事業と呼ばれるものである。具体的には，天然林資源保全事業や退耕還林（山の傾斜地の畑を森に戻す）事業，京津風砂源対策，野生動植物保護および自然保護区建設事業，湿地保全事業（この表では示されていない），木材速成生産基地の建設事業の六つが含まれる。森林の生態的機能を保全し向上させることが政策目的であったため，前の三つの項目には防護林の建設が含まれる。野生動植物保護および自然保護区建設事業，湿地保全事業は造林事業ではなく，森に保護区域を設定することで野生動植

136

表 8.2　2008 年国家林業重点事業における生態公益林状況（単位：ha（%））

森林種類	木材用途林	経済林	防護林	薪炭林	特殊用途林
天然林資源保護	29,823（11.1）	21,405（8.9）	950,770（32.6）	67（9.2）	6,951（48.9）
退耕還林	190,546（71.1）	92,537（38.5）	900,750（30.9）	492（67.5）	5,370（37.7）
京津風砂源対策	12,804（4.8）	3,481（1.4）	451,584（15.5）	－	1,173（8.2）
三北防護林（4期）	11,713（4.4）	116,926（48.7）	368,584（12.6）	170（23.3）	554（3.9）
長江流域防護林（2期）	5,493（2.1）	680（0.3）	66,077（2.3）	－	－
沿海防護林	8,838（3.3）	2,720（1.1）	62,654（2.1）	－	33（0.2）
珠江流域防護林（2期）	2,062（0.8）	947（0.4）	33,964（1.2）	－	－
太行山緑化（2期）	923（0.3）	1,058（0.4）	78,154（2.7）	－	147（1.0）
平原緑化（2期）	1,729（0.6）	392（0.2）	1,952（0.1）	－	－
野生動植物保護・自然保護区建設	－	－	－	－	－
木材速成生産基地	3,975（1.5）	－	－	－	－
合計	267,906（100.0）	240,146（100.0）	2,914,489（100.0）	729（100.0）	14,228（100.0）

出所：中国林業年鑑（2009 年度版）のデータに基づき作成。
注：京津風砂源対策は，北京や天津などの地域で発生する黄砂問題に対処するために，その発生源となる北京市北部の内蒙古自治区や河北省，遼寧省の交差地域で行う砂漠化対策を指す。

物や生態系の循環システムを保全する意味合いから，造林事業や生態公益林の建設は行われない。木材速成生産基地の建設事業では造林事業が行われるものの，木材生産が政策目的であるため，生態公益性の向上を目的とする防護林建設は政策対象とならない。

　このように国の造林事業の中では，特に森林の生態的公益機能を保持し，その向上を図るために，防護林と特殊用途林の建設枠を設けて，造林事業全体において一定の割合で保持できるように政策誘導を行った。各事業における生態公益林の傾向を考察すると，いずれの事業においても防護林の割合が非常に高いことが読み取れる。全体の総額においては

表 8.3　天然林資源における公益林認定状況（単位：ha）

項目			2013	2012	2011
天然林の実質管理面積	総面積	東北・内モンゴル等国有重点森林	38,528,237	38,026,541	37,824,258
		長江上流・黄河中上流地区の天然林	75,877,590	76,067,426	78,137,641
		合計	114,405,827	114,093,967	115,961,799
	国有林	東北・内モンゴル等国有重点天然林	38,528,237	38,026,541	37,824,158
		長江上流・黄河中上流地区の大然林	32,609,011	32,389,894	34,541,138
		合計	71,137,248	70,416,435	72,365,296
	集団・個人が所有する国家公益林	東北・内モンゴル等国有重点森林	0	0	0
		長江上流・黄河中上流地区の天然林	20,459,698	19,892,913	19,504,379
		合計	20,459,698	19,892,913	19,504,379
	集団・個人が所有する地方公益林	東北・内モンゴル等国有重点森林	0	0	0
		長江上流・黄河中上流地区の天然林	22,808,881	23,784,619	24,092,124
		合計	22,808,881	23,784,619	24,092,124

84.8％を占めているが，特に天然林資源保全事業と京津風砂源対策の項目ではそれぞれ 94.2％と 96.3％を占めている。退耕還林事業および京津風砂源対策，そしてその他の防護林建設事業では，平原防護林建設事業を除いて，全体として約 7 割を超えるという結果を示している。残念ながら，現行の林業統計制度の未熟さやデータ整備の不足によって，国全体の造林面積における生態公益林の割合と，国有林および集団林のそれぞれの造林事業における生態公益林の割合を正確に読み取ることはできない。しかし，国の第 7 次森林資源調査（2004 ～ 2008）で示された国土森林の被覆率が 20.36％であることや，第 12 次全国森林発展計画（2011 ～ 2015）における森林被覆率の達成目標が 30％であることから窺えるように，中国の森林資源の国土に占める割合は低く，健全な生態機能を回復するにはなお長い道のりが残されている。

8.3 国家生態公益林制度と資金メカニズム

　前節で述べたように，中国の造林事業は木材生産を目的とするほかに，森林のもつ生態的機能にも注目してきた。しかし，森林がもつさまざまな機能を生態的機能という概念で捉えるようになったのは1990年代の末頃である。生態公益林という用語が誕生したのもこの頃である。

　中国では1984年に初めて森林法が制定され，1998年に改正が行われた。森林法第4条では森林の性能別分類に関する規定が行われ，①防護林，②木材用途林，③経済林，④薪炭林，⑤特殊用途林の五つの種類に区分した。2000年に施行された中国森林法実施条例では，第8条において「国家重点防護林および特殊用途林は，国務院林業主管部門の提案に基づき，国務院の批准を経てから公布する。地方重点防護林および特殊用途林は，省・自治区・直轄市人民政府の林業主管部門が提案し，当該人民政府の批准を経て公布する。その他の五種類の森林については，県級人民政府の林業主管部門が国の森林区分規定および当該人民政府の発展計画の内容に基づき策定し，当該人民政府の批准を経て公布する」「省・自治区・直轄市の行政区域内の重点防護林および特殊用途林の面積は，当該行政区域内の森林面積の30％を下回ってはならない」と規定した。森林法実施条例では初めて，生態公益林に関する国の責任および各級地方政府の責務を規範化した。

　森林法で定めた政策目標を実施する手続き法として，2001年には国家林業局によって国家公益林認定弁法（暫定）（以下，弁法と称する）が公布された。弁法では，森林種類に基づき林業経済活動を行うことや，国家公益林と地方公益林の事務分担ルールについて明確な規定を行った。この弁法では生態公益林を次のように定義した。「公益林とは，生態的機能の発揮を主とする①防護林，②特殊用途林を指す」と規定した。この規定の定義に基づき林業統計の数値を森林種類別に集計すると表8.4

表 8.4 造林事業における全国生態公益林の構成

| 年度 | 木材用途林 | | 経済林 | | 防護林 | | 薪炭林 | | 特別種類用途林 | | 合計 | 比率 |
	造林面積 (b) (ha)	b/a (%)	造林面積 (c) (ha)	c/a (%)	造林面積 (d) (ha)	d/a (%)	造林面積 (e) (ha)	e/a (%)	造林面積 (f) (ha)	f/a (%)	(a)	(a)
1996	1,710,850	34.8	1,672,010	33.9	1,368,610	27.8	150,040	3.1	17,860	0.03	4,919,380	100
1997	1,465,050	33.6	1,371,310	31.5	1,366,230	31.3	135,490	3.1	16,850	0.03	4,354,930	100
1998	1,459,680	30.3	1,394,820	28.9	1,772,020	36.8	167,030	3.4	17,500	0.03	4,811,050	100
1999	1,418,010	28.9	1,403,880	28.6	1,948,540	39.8	115,300	2.3	14,980	0.03	4,900,710	100
2004	871,132	15.5	456,691	8.1	4,210,768	75.2	49,966	0.08	9,522	0.01	5,598,079	100
2005	607,547	16.7	337,816	9.2	2,678,214	73.4	16,074	0.04	8,291	0.02	3,647,942	100
2006	481,629	17.7	403,322	14.8	1,824,687	67.1	4,837	0.01	3,450	0.01	2,717,925	100
2007	610,367	15.6	478,417	12.2	2,790,172	71.4	7,993	0.02	20,762	0.05	3,907,711	100
2008	782,109	14.6	850,771	16	3,697,163	69.1	4,020	0.01	19,672	0.03	5,353,735	100
2009	801,317	12.8	1,002,555	16	4,407,654	70.4	23,705	0.03	27,099	0.04	6,262,330	100
2010	809,937	13.7	1,110,896	18.8	3,943,432	66.7	18,887	0.03	26,767	0.04	5,909,919	100
2011	1,019,320	16.9	1,218,281	20.3	3,688,827	61.5	36,805	0.06	33,380	0.05	5,996,613	100
2012	774,398	13.8	1,101,053	19.7	3,650,842	65.2	41145	0.07	28,353	0.05	5,595,791	100

出所：中国林業統計年鑑（各年度版）をもとに作成した。

のような内容になった。これは毎年の森林種類別の造林面積を取りまと
めたデータであるが，国が行う種類別の造林事業から，国全体の生態公
益林の建設状況を読み取ることができる。

　林業統計ブックの発行状況や関連データの整備状況によって，1996
年以前の造林データを入手することができなかったが，1990年代の前
半に至るまでは，造林事業全体における防護林の割合は大きくないこと
が分かった。1996年の防護林の割合は27.8％を占めたが，この割合は
1999年に至るまで増加の傾向にあるものの，大きな改善は見られなかっ
た。大きな進展がみられるようになったのは，2000年以降からである。
その後は全体として約7割の水準で推移していることが読み取れる。

　1998年の天然林資源保全プロジェクトを実施して以来，天然林の伐
採を全面的に禁止し，天然林の管理や育林政策に転換した。それに加え
て従来の十大防護林建設事業が継続的に実施されたほか，退耕還林政策
など6つの国家重点森林保全事業が実施された。特に2000年の生態公

益林の認定弁法が実施されてからは，防護林や特殊用途林からなる生態公益林の面積が，木材生産を目的とする木材用途林を上回るまで増加した。1990年代から続いた2桁の高度経済成長の負の産物として物価指数の上昇が続き，ここ数年の人民元高は国内産木材市場の価格低迷につながり，林業農家の木材生産需要が減少した[42]のが一因として考えられる。木材生産需要の低下は企業や林業農家の造林意欲の低下を招き，木材生産を用途とする造林面積の伸び悩みは結果的に森林の生態的機能の向上にも影響を及ぼす。そのような意味では，国や地方による生態公益林制度の導入は，国の森林資源を確保し，森林の生態的機能の保持のために重要な役割を果たす。また，市場の調整機能によって資源配分がうまくなされない場合において，公共財としての生態公益林建設が行われることは，国の持続可能な発展を担保し，国民の生態的生存基盤を確保する上で，国や地方政府の欠かせない責務となる。

　弁法では，国家公益林の具体的な確定範囲を規定し，包括する具体的な内容は次の12項目に及ぶ。①河川の源流，②河川本流および一級，二級支流の沿岸，③重要な湖沼および集水容量が1億㎥以上の大型ダムの周辺地形第一層となる山および平地1000m以内，④海岸沿線の第一層となる山および平地1000m以内，⑤荒漠化自然現象が深刻な乾燥地域の天然林と森林密度が0.2以上の沙地低木林，オアシスの人工防護林，その周辺2km以内の砂漠化固定のための基幹林帯，⑥雪線以下500mおよび氷河外枠2km以内，⑦傾斜度36度以上で土壌層が貧弱，岩山，伐採後の森林の生態機能の回復が困難な自然条件，⑧国鉄，国道，国防道路の両岸の第一層となる山および平地100m以内，⑨国境線沿い20km以内および軍事制限区，⑩国務院によって自然および人文遺産区域および特別保護意義のある地区，⑪国家級自然保護区および重点保護1級，2級野生動植物物およびその生息森林，野生動物類自然保護区，など12

42　2013年3月の江西省の生態公益林調査で明らかになった。

表 8.5　国家重点公益林に関する補償資金の内訳 （単位：元／ムー）

年度	森林管理者の給与または林業農家への補償費, 苗木, 整地, 育林経費	森林火災防止などの公共経費	合計
2004	4.50 （一律基準）	0.5	5
2007	4.75 （国有林, 集団林）	0.25	5
2009	4.75 （国有林） 9.75 （集団林）	0.25	5 （国有林） 10 （集団林）

出所：財政部・国家林業局の「中央財政森林生態便益補償基金管理弁法」の 2004, 2007, 2009 年のそれぞれの公文書の内容に基づき筆者作成。
注：ムー（畝）は, 中国の土地面積の単位である。1 ムーは 20/3 アールであって, 約 0.667 アールとなる。

の規定区域における森林, 林木, 林地を公益林の認定範囲とした。

　この基準に基づく国家生態公益林の申請批准手続きは, 行政末端機構に属する地方林業部門が地元の実情に基づいて森林所有者との協議を経て, 郷人民政府→県人民政府→省人民政府→国務院の順番に, 上級主管林業部門に順次申請手続きを行い, 最後は国務院の林業主管部門が審査批准を行うという図式である。申請および審査手続きは法規定に基づくものであり, 森林所有者の利益保障については慎重に取り扱う様子が窺える。

　同時に, これらの政策の保険措置として, 生態公益林の森林所有者, 特に集団所有林と地方国有林の伐採制限に伴う経済損失に対する経済的な補償制度を講じた。国務院は 2001 年, 2004 年, 2007 年, 2009 年に, それぞれ国の森林生態便益補償に関する規定の改善を図った。

　2004 年に制定された中央森林生態便益補償基金の管理弁法では,「国の補償基金は重点公益林の管理者の造林, 育林, 保護, 管理に対して一定基準に基づいて, 特定資金による補償を行う」と定めた。中央財政の予算編成に組み入れた補償基金は, 国家林業局の認定を受けた国家重点公益林の事業項目に対して補償財源として充当するとした。

　国家重点公益林の補償基準も, 2001 年, 2004 年, 2007 年, 2009 年と 4 回にわたって修正を行っている（表 8.5）。2004 年までは国有林と集団

林に対して一律に年間5元／ムーと規定し，森林管理者の給与などの支払い基準を4.5元，地方林業主管部門の公共経費として0.5元を定めたが，2007年には森林管理者への給与支払い基準を4.75元と改めた。また，2009年には林業農家の経済便益への補償や物価指数の上昇などの社会的な変化を考慮し，支払い基準を9.75元にさらに引き上げた。一方で，国家重点公益林の管理や整備などの公共経費の取り分は年間0.5元／ムーから0.25元に引き下げられた。その目的は，限られた財源を可能な範囲で農家の経済利益を補償する方向に調整し，地方政府の取り分については農家の補償資金の取り分の流用または恣意的な割合の変更を厳しく制限した。

4回にわたる補償基準の改正は，2009年の林業農家への補償の水準を引き上げたことを除いて，他の項目においては大きな改善がみられない。国有林への補償基準や地方林業行政の日常的な維持管理およびインフラ整備コストについては，実質上ほとんど改善されなかったことになる。

国の補償資金制度は，国内の物価指数の上昇による労働コストや生産コストの上昇および都市と農村の賃金格差による若手労働力の流出などの市場誘因との競合関係の中で実施された。2001年当時の物価指数の下では，年間5元／ムーの補償基準は幾分か妥当性があったと考えられるが，農村の労働コストが高騰し続ける状況の中で，国有林の公益林だけでなく，集団林も森林管理者の給与不足分に対する補てんを行っている。財政権をもたない村では，村の日常事務の人件費を中心とするわずかな予算から補てん資金を捻出するほか，村への公共事業の誘致活動を通じて，生態公益林の管理経費のための資金調達を行うという事態が発生している。[43]

43　2013年3月の江西省遂川県の現地調査では，国有林および集団林，県林業管理部門の実地調査を行い，国の生態公益林の管理および維持コストにおける地方財政や林業農家の負担が非常に大きいことが分かった。

同様な現象が，林業火災防止などの公共経費として地方財政に支払われた補助金にも起きている。高度な経済成長は量的成長の面では豊かさをもたらしたものの，急成長の背景で軽視してきた国民福祉や環境問題などの社会問題を解決する手段としての社会的共通資本[44]の整備を遅らせてきた。そのために，そのような経済成長に取り残された負の遺産が今になって大きな社会問題となり，生態公益林の整備のほか，多くの公共領域の社会的ニーズが増加し，政府の重荷となり，公共財政に大きなプレッシャーを与えているのが現状である。このような資源制約の中で，限られた財政資源配分を林業農家の経済的便益を優先する方向にもっていったと考えられる。他方で，地方財政の取り分を縮小させ，農民の取り分を確保すると同時に，国の事業コストにおける地方の財政負担を強いることになった。その結果，地方政府が負担する国家生態公益林の維持コストは高く，政府間財政移転資金の不足分への補填財源の確保が一つの課題となっている。

　中国は森林資源が乏しく，それぞれの地域の地理的環境の特徴による多様性が現れている。そのために，地域ごとの政策提案や独自の政策開発が重要な政策ポイントとなる。しかし，国の生態公益林に関する諸規定では，認定基準や伐採制限の規定，補償基準にいたるまで全国画一的に定める傾向が強いことから，政策執行過程において地方が柔軟な対応を行う余地が少ないという欠陥をもつことになる。同一基準で認定された国家生態公益林の場合でも，水資源が乏しく年間平均降雨量が少ない北方地域や乾燥半乾燥地域と水資源が豊富で気候が温暖な南方地域とでは，森の成長スピードや密度の形成などにおいて大きな差異が発生する。北方では保護対象や伐採禁止の対象とされる森の場合でも，南方では成

44　宇沢弘文は，資本主義経済体制と社会主義経済体制を超えた新しい経済学理論の枠組みとして社会的共通資本を提起し，その中には自然資本，社会資本，制度資本の三つの要素が含まれるとした（宇沢弘文1998）。

長しすぎた結果として適切な伐採管理が必要となってくる場合がある。

　現行の生態公益林の諸規定は，育林や造林に関する具体的な規定を行ったものの，適正な管理における間伐などの適正伐採に関する規定を設けていない。そのために，すでに成熟林を抱えている南方の森では，かえって森林の生態的機能の低下を憂慮すべきケースが現れており，地域問題の特殊性に応じて適切な間伐作業が必要となることが発生している。また一定の条件を満たした森林における適切な間伐作業を認め，生態公益林の一律伐採禁止の規定を柔軟に解除することは，不足しがちな地元の森林保全財源を補充し，林業農民や国有林の経営者の経済収益につながることから，生態公益林の育林動機をさらに引き出す政策効果を実現できる可能もある。

8.4　地方生態公益林制度の実態と資金メカニズム ——江西省の事例から

　現行の制度では，中国の生態公益林補償制度は国家級，省級，県級，市級の四つの種類に分類される。今後の研究でさらに事例を踏まえた上で結論を導く必要性があるが，国の森林政策や生態公益林制度に関する文献の中から，現行の制度では地方生態公益林の中で省級生態公益林が占める割合が大きく，財政資金の調達方法や補償制度の運営方法においても一定の制度化ルールに基づいて運営されていることが分かった。しかし，現行の林業統計体系ではこのような地方の取り組みを反映する情報が少なく，地方の生態公益林の発展状況や運営実態を定量的に示すことには一定の困難がある。また，地域の自然環境条件や経済発展の状況，および地方政府の政策傾斜の状況によって地域ごとの差異が存在すると考えられる。

　この節では，江西省における省級生態公益林制度の事例を紹介し，政策の執行プロセスや資金調達ルートとその特徴を考察する。上述したよ

うに，江西省の事例がどのぐらいの普遍性をもつのかについては，不確実性を抱えているが，現地調査で得られた結果および限られたデータから実態やメカニズムの解明に努める。以下においては地方生態公益林と称する。

地方生態公益林制度は，申請登録制度から補償基準および伐採禁止の規定に至るまで，概ね国の生態公益林の諸規定に準拠して整備されている。

表8.6は，1992年から江西省全体で取り組んできた生態公益林の建設状況を表している。国の森林法で定められた森林の種類別の造林事業の中から防護林や特殊用途林の建設状況を考察するのが目的である。国の生態防護林の建設傾向にみられたように，1990年代の前半においては，全省の造林事業における防護林の割合は非常に少ないことが分かる。1998年に至るまでわずか10％台で推移している。防護林の割合が増加し始めたのは2000年の前後であるが，これは国の政策方針によって生態公益林の概念が導入された時期とほぼ一致する。しかし防護林の建設面積は，むしろ1990年代の前半から後半にかけて減少傾向にあることが捉えられる。

これは，国が自らの事業として生態建設事業に乗り出したことや，生態公益林の建設における地方政府，特に省政府の作為責務に対する明確な規定が大きく影響したと考えられる。2001年の森林法の実施にかかる条例では，「地方の生態公益林の割合が地方の保有する森林全体の30％を下回ってはならない」という明確な規定を行っている。その上で，①政府機能の公共的性格の向上や，②分税制の導入とその後の財政制度改革の進展によって政府間機能配分制度が次第に明確にされたことが，プラス要因として作用したと考えられる。また，これまでの高度経済成長がもたらした地方財政の財政資源の蓄積や資源配分の支配空間，および自主裁量権の増加などの要因が，地方公共財の提供能力を向上させ，公共政策としての生態公益林事業により多くの資源配分を行える環境が

146

表 8.6　江西省生態公益林の推移 （単位：ha（％））

年度	合計	木材用途林		経済林		防護林		薪炭林		特殊用途林	
1992	435,000	277,100	(63.7)	50,700	(11.7)	81,500	(18.7)	23,600	(5.4)	2,100	(0.5)
1993	243,300	157,900	(64.9)	44,100	(18.1)	29,100	(12.0)	12,200	(5.0)	–	
1994	251,900	145,000	(57.6)	55,200	(21.9)	37,900	(15.0)	13,200	(5.2)	600	(0.2)
1995	250,100	144,000	(57.6)	54,700	(21.9)	37,300	(14.9)	13,200	(5.3)	900	(0.4)
1996	191,400	90,000	(47.0)	58,400	(30.5)	29,700	(15.5)	12,400	(6.5)	900	(0.5)
1997	81,000	46,920	(57.9)	25,110	(31.0)	7,180	(8.9)	1,560	(1.9)	230	(0.3)
1998	53,100	23,700	(44.6)	21,800	(41.1)	7,100*	(13.4)	500	(0.9)	–	
1999	36,700	12,600	(34.3)	12,100	(33.0)	11,400*	(31.1)	600	(1.6)	–	
2000	35,200	13,400	(38.1)	10,300	(29.3)	11,400*	(32.4)	100	(0.3)	–	
2001	37,100	10,300	(27.8)	6,400	(17.3)	20,200	(54.4)	200	(0.5)	–	
2003	219,700	21,300	(9.7)	24,400	(11.1)	173,000	(78.7)	1,000**	(0.5)	–	
2005	47,589	20,736	(43.6)	3,911	(8.2)	22,142	(46.5)	333	(0.7)	467	(1.0)

出所：中国林業年鑑（1992 ～ 2009 年度版）のデータに基づき筆者作成。
注 1 ：*1998 年から 2000 年までの防護林数値は特殊用途林を含む。
注 2 ：**2003 年の薪炭林の数値は特殊用途林の数値を含む。

整備され始めたからと考えられる。

　一方で，江西省の木材生産を目的とする木材用途林や経済林[45]の造林面積は，1990 年の前半から一貫して減少し続けることが分かる。国内の高度な経済成長と国民の生活水準の向上に伴って国内の木材需要が大きく伸びたにもかかわらず，地方の木材生産への動機付けはむしろ減退する傾向にある。この傾向は，将来のための木材資源の備蓄のために不利に働くだけでなく，地方森林における生態的機能の低下につながる恐れがある。そのような意味では，生態公益林による生態サービスの補強がさらに重要性を増しているといえる。

　江西省の地方生態公益林の整備は，2000 年に国によって公布された森林法実施条例が大きな原動力となる。2000 年以前に森林の公益的機

45　経済林の樹種は多岐にわたるが，必ずしも木材用途の樹木に限らない。経済的収益が高い果樹や食用油の原料となる樹種などを農家が選好的に植える場合が多い。

能が正式に認められず生態公益林という概念が定着していなかった時代に行った長江や珠江など主要河川流域における国の防護林建設事業や，1998年から始まった天然林資源保護関連の建設事業などは，国の委託事務として地方で行われ，それらが地方の生態公益林の建設事業に占める割合が大きかったと考えられる。2000年に生態公益林の概念が提起され，生態公益林補償制度が整備されてからは，国が認定する国家生態公益林建設事業のほか，退耕還林などの国の六大林業重点事業の地方の委任事務が，地方独自の地方生態公益林建設事業と相まって，地方の生態環境保全政策をリードしてきた。

そういう意味では，国や地方の生態公益林は必ずしも新しい造林事業によって建設された公益林のみを認定対象としているのではなく，既存の造林事業においてすでに生成され，しかも法規定によって地域の発展や社会安定に重大な影響を及ぼすものとして公益性が認められた森林を認定対象としている。

そのため，国の委託事務として行った造林事業（その中には生態公益林に認定された森林も含む）については，政府間の財政移転制度を通じて中央財政の特定資金が地方に交付さされた。その中で，造林事業費の多くの割合を中央財政が負担した（金紅実(b)2011）。

他方で集団林の場合は，造林事業は農村の村単位や小規模の生産グループによって行われるケースが多く，村人は義務植樹をもって労働力を提供し，地元の地方政府がインフラの整備や苗木の提供，種の空中散布に必要な飛行機の手配などを行うなどして，村民と地元の政府の共同作業によって実現されるケースが少なくない[46]（江西省遂川県林業局）。したがって，この場合は国の林業重点事業とは違って，集団所有の森林が国家生態公益林に認定されたとしても，国による実質上の造林コストはほとんどなく，生態公益林の補償制度によって経済的な補償がなされた

46　2013年3月に行った江西省遂川県での現地調査で確認した。

表 8.7　江西省地方（省級）生態公益林補償基準（単位：元／ムー）

年度	森林管理者の給与または林業農家への補償費，苗木，整地，育林経費	森林火災防止などの公共経費	合計
2004	4.5	0.5	5.0（国の基準）
2007	6.0	0.5	6.5
2009	10.0	0.5	10.5
2011	15.0	0.5	15.5

出所：江西省生態公益林補償資金管理弁法（2004, 2007, 2009, 2011）の公布内容より筆者作成。

としても，林業農家または地元地域社会の造林コストの一部に過ぎず，また補償資金の規模が小さいことから，そのほとんどが森林管理者の給与に充当されるなど，実質上の経済的な補償効果がないことが現状である。江西省の現地調査では，国が定める現行の公益林補償制度では，森林管理コストへの支払いという意義が強く，生態公益林の認定によって伐採の制約を受け，経済的な損失を被った林業農家に対する経済的な補償措置としては不十分な制度であることが明らかになった。

　これに対して表8.7は，江西省における地方生態公益林の補償資金の状況を示したものである。2004年の時点では，国の補償基準に準拠して同様基準の補償金制度を実施していたが，地域の林業農家や林業企業の苦境を汲み取って，2007年，2009年，2011年にかけて連続して補償基準を引き上げる措置をとった。今後もさらに補償基準を引き上げていく可能性すらある。江西省の取り組みは，国の生態公益林補償制度とは異なり，補償対象やその基準の設定において国有林と集団林の区別を行っていない。

　江西省のこのような取り組みが物語るように，2000年以降の全省の防護林の造林面積は順調に増加する傾向を示しており（表8.6），経済林や木材用途林が減少し続ける中で，その割合は大きくなっていった。

おわりに

　本来，資本主義市場経済を対象とする公共財は，社会主義市場経済の移行期を前提とする中国の財政機能変化の中で，生態公益林の公益性を通じて機能した。市場経済の浸透に伴って，政府や財政の補完機能が少なくとも生態公益林の保全政策領域ではますます拡充され，健全化に向かっている実態を捉えることができた。

　次に，分税制の導入や政府機能配分システムが浸透される中で，かつての国家主導や中央主導に基づく公共政策の実施体制とは別個に，地方の公共機能への社会的要請が強まった。地方の自主財政の増加を背景に，地方独自の公共政策の一事例を補足することができた。地域間の経済格差や自然環境の差異が存在するため，江西省の取り組みを直ちに普遍的な傾向に結びつけるには論拠が不足する。

　しかし，国家生態公益林補償制度における政府間財政移転制度を通じて，事務権限と財源保障の不均衡の実態や，そのような財政関係の中でも地方財政の公共サービスの供給能力がますます強まる傾向を捕捉することができた。また，国の生態公益林補償制度は地方の生態公益林補償制度を規範化し，生態公益林の建設事業を牽引する役割を果たしてきたものの，地方の林業農家や国有林および地方財政が担う国の委託事務の補償資金としては，十分な補償機能を果たしてこなかった実態を明らかにした。

　なお補償は，本来，国や行政が適法な公益活動の中で経済的な不利益を与えた時に行うべき損失補償を意味する。このような意味では，中国の生態公益林補償制度が本当の意味での損失補償に値するかどうかについて，もう少し議論が必要となる。

第**9**章

国家林業重点プロジェクトにおける
政府間財政関係

はじめに

　1998年を境に中国の森林政策は大きな転換期を迎えた。①木材生産
から生態機能回復への目的の転換，②天然林伐採から人工林伐採への転
換，③林地開墾から退耕還林への転換，④森林の生態サービスの無償利
用から有償利用への転換，⑤国による林業経営から社会全体の参加によ
る林業経営への転換である。特に①～④にかかる政策転換の過程では，
国の財政資金をベースとする植林育林事業が大きな役割を果たした。代
表的な国家林業重点プロジェクトとして，①天然林資源保全事業，②
退耕還林事業，③三北防護林および長江など重点河川防護林の建設事業，
④環北京地域風砂源対策事業，⑤湿地・野生動植物保全事業，⑥速成量
産用材林建設事業などの6つの分野にまたがる植林事業が挙げられる。

　本章は，6つの国家林業重点プロジェクトのうち①～⑤を考察対象と
して，植林育林事業の実施過程における中央財政と省級財政間の費用分
担および事務負担の原則や構造的な特徴を概観する。

151

9.1 森林投資における公共支出の傾向

　1978年以降，高度な経済発展や税財政改革という制度環境の変革の中で，中国の森林財政は急速な発展を遂げてきた。かつては，森林工業の経営資金を中心に，企業の職員関係者の給与や住宅・医療・教育などの社会保障資金まで財政資金が負担していた。しかし，制度変革は森林財政の機能転換をもたらし，市場経済体制の浸透も相まって，公共財政としての特徴がより鮮明に現れるようになった。

　国家財政収入の順調な発展は，森林財政の財源を確保するための基盤となった。表9.1に示したように，1998年から段階的に実施されてきた天然林資源保全プロジェクトや退耕還林プロジェクト，京津風砂源対策プロジェクトなどの国家六大林業重点プロジェクトは，国家財政資金の潤沢な拡大が裏付けとなった。また森林生態便益補償制度や造林補助，森林育成管理補助などの財政措置の導入も，国家財政状況の良好な回復と深く関係している。1998年の国家財政支出が1兆元を突破し，特に中央財政の支出規模が3000億元を上回ったことが，森林財政への公共支出を可能にしたのである。2009年以降に造林補助や森林育成管理補助などの制度の導入や，生態公益林補助基準の引き上げが実現できたのも，同じく財政状況の大幅な改善が裏付けとなっている。公共財政の順調な発展は森林育成政策の立案や，政策執行力の有効性や安定性および持続可能性を保障する資金面のサポートとなった。

9.2 森林保全政策への転換と　　国家林業重点プロジェクト

　1998年に発生した長江および松花江流域の大洪水は，それまで突き進めてきた自然資源の開発政策を見直すきっかけとなった。これを境に

表 9.1　林業投資における公共支出の傾向（単位：万元，%）

年	林業投資完成総額			林業重点プロジェクトの投資総額			国の財政支出に占める林業への公共支出 (7)
	林業投資総額 (1)	国の公共支出 (2)	林業投資総額に占める国の公共支出 (3)=(2)/(1)	投資総額 (4)	国の公共支出 (5)	林業重点プロジェクト投資総額に占める公共支出 (6)=(5)/(4)	
1981	140,752	64,928	46.13				
1982	168,725	70,986	42.07				
1983	164,399	77,364	47.06				
1984	180,111	85,604	47.53				
1985	183,303	81,277	44.34				0.41
1986	231,994	83,613	36.04				
1987	247,834	97,348	39.28				
1988	261,413	91,504	35.00				
1989	237,553	90,604	38.14				
1990	246,131	107,246	43.57	25,537	13,469	52.74	0.35
1991	272,236	134,816	49.52	34,949	20,247	57.93	0.40
1992	329,800	138,679	42.05	44,640	22,888	51.27	0.37
1993	409,238	142,025	34.70	118,913	32,351	27.21	0.31
1994	476,997	141,198	29.60	144,563	36,779	25.44	0.24
1995	563,972	198,678	35.23	162,611	43,062	26.48	0.29
1996	638,626	200,898	31.46	203,110	54,772	26.97	0.25
1997	741,802	198,908	26.81	244,737	68,989	28.19	0.22
1998	874,648	374,386	42.80	495,760	285,611	57.61	0.35
1999	1,084,077	594,921	54.88	761,756	506,707	66.52	0.45
2000	1,677,712	1,130,715	67.40	1,106,412	881,704	79.69	0.71
2001	2,095,636	1,551,602	74.04	1,795,799	1,355,797	75.50	0.82
2002	3,152,374	2,538,071	80.51	2,558,004	2,250,647	87.98	1.15
2003	4,072,782	3,137,514	77.04	3,339,160	2,978,139	89.19	1.27
2004	4,118,669	3,226,063	78.33	3,510,242	2,983,123	84.98	1.13
2005	4,593,443	3,528,122	76.81	3,616,302	3,212,387	88.83	1.04
2006	4,957,918	3,715,114	74.93	3,533,372	3,255,411	92.13	0.92
2007	6,457,517	4,486,119	69.47	3,480,379	3,029,091	87.03	0.90
2008	9,872,422	5,083,432	51.49	4,202,355	3,626,077	86.29	0.81
2009	13,513,349	7,104,764	52.58	5,087,347	4,179,556	82.16	0.93
2010	15,533,217	7,452,396	47.98	4,720,065	3,617,431	76.64	0.83
2011	26,326,068	11,065,990	42.03	5,222,129	4,343,147	83.17	1.01
2012	33,009,217	15,563,528	47.14				0.90*

注1：林業投資は，国家林業重点プロジェクトのほかに，林業農家や林業企業に交付した補助金の一部
　　も含む。統計データの不備の関係で計上できなかった財政資金もある。

注2：林業重点プロジェクトは六大重点プロジェクトを指す。すなわち，①天然林資源保全プロジェク
　　ト，②退耕還林プロジェクト，③防護林建設プロジェクト，④環北京地域風砂源対策事業，⑤湿
　　地・野生動植物保全プロジェクト，⑥速成林建設プロジェクトの総称を指す。

注3：2012年度の国家財政支出額は，2013年第12次全国人民大会で採択された「2012年中央と地方予
　　算執行情況と2013年中央と地方予算草案報告」に基づき算定した。

中国の森林政策は木材生産を目的とする開発政策から保全政策へ転換していった。それから約10年の間に、従来の三北防護林建設事業を中心とした十大防護林体系建設事業を継続すると同時に、森林や自然の保全政策を旨とした新しいプロジェクトとして国家林業重点プロジェクトを実施した。表9.2に示したように、①天然林資源保全事業、②退耕還林（草）事業、③京（北京）津（天津）風砂源対策事業、④野生動植物保全および自然保護区建設事業、⑤三北および長江流域等防護林建設事業、⑥重点区域速成豊産用材林基地建設事業がその具体的な方策だった。このように国家林業重点プロジェクトは、乾燥半乾燥地域や大規模な河川の上流地域、および生態機能が大幅に衰退した地域の生態環境機能の回復を全面的に打ち出した政策である。

政策転換の傾向は概ね五つの面に現れた。それは、第一に木材生産から生態建設への転換、第二に天然林の伐採から人工林への伐採、第三に森林への耕地開拓政策から退耕還林（草）政策への転換、第四に生態環境資源の無償利用から有償利用への転換、第五にそれまでの単一部門による林業経営システムから社会全体による林業経営システムへの転換である（国家林業局 2003）。

このような政策転換は、森林政策の発展だけではなく、いくつかの歴史的な要素が揃って初めて実現されたものだと考えられる。まずは、それまでの約20年間の経済開放改革政策の実施の結果、国全体として社会的・経済的・技術的対応能力が向上したからである。生態環境保全事業と深い関わりをもつ西部大開発事業はその例の一つといえる。西部地域の開発構想は遡ると、1956年の毛沢東の「十大関係論」の中ですでに沿海地域と内陸部の工業発展の格差として言及され、1988年に鄧小平が「二つの大局」の中で明確な問題意識を提起した課題である。つまり、沿海地域を先に発展させることで、内陸部の発展を牽引していくという発想であった。その後の江沢民政権も、1990年の初頭からすでに西部地域の生態環境の苛酷さや生活水準および経済格差を意識し、西部開発

表 9.2　国家林業重点プロジェクトの資金投入状況 （単位：万元，%）

年		2012	2011	2010	2009	2008	2007	2006	2005	2004	2003	2002
総投資 (a)		5,283,825	5,322,129	4,720,065	5,087,347	4,202,355	3,480,379	3,533,372	3,616,302	3,510,242	3,339,160	2,558,004
公共投資 (b)		4,050,116	4,343,147	3,617,431	4,179,556	3,626,077	3,029,091	3,255,410	3,212,386	2,981,752	2,978,140	2,295,239
b/a		76.7	81.6	76.6	82.1	86.2	87.1	92.1	88.8	84.9	89.1	89.7
天然林資源保護	投資総額	2,186,318	1,286,744	731,299	817,253	973,000	820,496	643,750	620,148	681,985	679,020	933,712
	財政資金	1,710,230	1,696,826	591,086	688,199	923,500	666,496	604,120	58,478	640,983	650,304	881,617
	財政資金比重	78.2	92.9	80.8	84.2	94.9	81.2	93.8	94.2	93.9	95.8	94.4
退耕還林	投資総額	1,977,649	2,463,373	2,927,290	3,217,569	2,489,727	2,084,085	2,321,449	2,404,111	2,142,905	2,085,573	1,106,096
	財政資金	1,545,329	1,949,855	2,429,773	2,886,310	2,210,195	1,915,544	2,224,633	2,185,928	1,920,609	1,926,019	1,106,096
	財政資金比重	78.1	79.2	85.4	89.7	88.8	91.9	95.8	90.9	89.6	92.3	100
京津風砂源対策	投資総額	356,646	250,395	382,406	403,175	323,871	320,929	327,666	336,325	267,666	258,781	123,238
	財政資金	321,863	223,978	329,166	355,377	310,795	298,768	310,029	325,408	261,857	239,513	120,022
	財政資金比重	90.2	89.4	86.1	88.1	95.9	93.1	94.6	97.8	97.8	92.6	97.4
三北および長江流域等防護林	投資総額	630,274	664,819	570,888	557,076	337,349	165,879	179,501	192,556	352,661	232,083	316,711
	財政資金	380,467	394,431	138,550	209,602	139,275	91,273	95,398	91,292	135,782	136,239	1,575,582
	財政資金比重	60.3	58.3	24.2	37.6	41.3	55.1	47.5	47.4	38.5	58.7	49.8
野生動植物保全および自然保護区	投資総額	132,938	114,253	100,107	80,097	69,800	79,580	54,718	51,452	44,465	52,406	39,261
	財政資金	92,227	77,727	57,740	39,948	41,963	55,464	30,750	24,450	22,133	25,609	28,460
	財政資金比重	69.3	68.1	57.6	49.9	60.1	69.7	56.2	47.5	49.8	48.9	72.5
速成量産用材林基地建設	投資総額		2,545	8,075	12,177	8,608	9,410	6,288	15,410	20,560	31,297	38,986
	財政資金		330	1,116	120	349	1,546	481	532	388	455	1,462
	財政資金比重	12.9	13.8	0.09	0.09	0.04	0.16	0.08	0.03	0.01	0.01	0.03

の構想を練り，ようやく 1999 年になって初めて本格的な導入につながった。それには，中央財政の歳入規模が大幅に増加するなど，それまでの経済的・社会的発展による国力の蓄積が大きな動機付けとなった（曾培炎 2010）。

　次の要因は，社会主義市場経済の進展と財政制度改革の進展に伴って，国の財政機能がそれまでの国有企業を通じた経営的な経済活動から，公共領域の経済活動への転換を実現し，環境政策の領域においても汚染源となっていた国有企業への財政的支援が大きなウェイトを占めていた状況から撤退し始め，汚染企業への本当の意味での汚染者負担原則の適用環境を整備し，資源配分を生態環境の保全といった公共領域へとシフトし始めたという背景があったからだと考えられる（金紅実 2008）。

　表 9.2 からは，次のような特徴を読み取ることができる。まずは政策の内容がさまざまな政策ニーズに応えるかのように造林事業を重点にしながらも広い範囲へと拡大していった。特に長年にわたって放置状態におかれていた生物多様性の保全についても，依然として小規模の状況でありながらも，ようやく注目され始めたことが分かる。第二に，全体の事業規模が大幅に拡大していく中で，財政の資金規模が高い比率を占めていることである。1998 年以前においては約 50％台の割合だったが，その後，継続的に増え始め，2006 年には 92.1％の水準に至っている。これは，国の計画的な財政資金投入の結果であり，国がいかに森林事業を重視しているかを示すものでもある。第三に，それまでは防護林建設事業を通じて局地的な生態災害の防止策をとっていたが，全国の，北は東北地域，南は福建，広東地域，西は雲南，貴州，四川，青海，甘粛といった，ほとんどの地域で事業展開を行うことになった。特に，長江・黄河の中上流地域およびこの二つの大河の源流地域における天然林資源保全事業と，この地域の傾斜地を対象に行った退耕還林政策が大きなウェイトを占めていった。特に退耕還林（草）事業は，造林事業全体に対して大きく寄与する結果となった。

表 9.3　全国森林資源調査からみる政策効果

調査時期	林地面積 （万 ha）	森林面積 （万 ha）	森林被覆率 （％）	森林資源蓄積量 （億㎥）
第 5 次（1994 ～ 1998）	26,329	15,894	16.55	112.67
第 6 次（1999 ～ 2003）		17,500	18.21	124.56
第 7 次（2004 ～ 2008）	30,378	19,333	20.36	133.63
第 8 次（2009 ～ 2013）		20,800	21.63	151.37

出所：国家林業局のホームページを参照した。

　その結果，森林面積の減少に歯止めがかかり，森林被覆率の改善や森林資源蓄積の面で緩やかな改善傾向がみられた。そして天然林面積の増加や人工林の増加策において順調な兆しがみられた。表 9.3 は，第 5 次全国森林資源調査から第 8 次全国森林資源調査までの間の森林資源指標を表したものである。

　1994 年から 1998 年に実施した第 5 次全国森林資源調査では，森林面積が 1 億 5894 万 ha，森林資源蓄積量が 112.67 億㎥，森林被覆率が 16.55％となっている。1999 年から 2003 年の第 6 次，および 2004 年から 2008 年までの第 7 次にかけて順調な改善を経て，2009 年から 2013 年の第 8 次全国森林資源調査では，森林面積が 2 億 800 万 ha，森林資源蓄積量が 151.37 億㎥，森林被覆率が 21.63％までに改善された。

　この間の森林資源状況の変化として以下の点を挙げることができる。第一に，1998 年以降，中国は世界で最も大きい人工林面積を保有しており，天然林の保有面積も順調に回復に向かっているという点である。第二に，森林面積の拡大と同時に，森林資源蓄積量も順調な増加傾向にある。最後に，林地の適性面積が国土の約 3 割程度といわれる中で，森林被覆率が 21.63％まで改善されており，この中で国の六大林業重点プロジェクトが大きな役割を果たしてきた点である。

　しかし，依然として残された課題は多い。その一つが，森林資源総量の絶対的不足である。世界人口の 5 分の 1 を占める人口大国でありながら，持続的かつ急速な経済発展を志向する中国が保有する森林資源総量はわずか世界の 5％に過ぎないという問題である。二つ目の問題は，森

林資源の質的内容の問題である。1997 年から 2007 年までの部分的造林事業についてモニタリング追跡調査を行った結果，重点プロジェクトの実施地域の土壌流出や砂漠化の抑止効果がみられつつも，依然として制御と破壊が相対峙する状況が続いていることが分かった（国家林業局経済発展研究中心 2008）。これは，現段階の植林造林事業から次の段階の本格的な育林事業への政策転換が求められていることを示唆する。三つ目の課題は，中国国内での森林伐採禁止政策が，国内の物価指数の上昇と為替レートの変動を受けて木材需要が高まる中で，外国からの木材輸入の増加につながり，他国の森林資源および生態系機能の低下に直接・間接的に影響を与えかねないという点である。

　天然林資源保全事業は，1998 年の国務院「十大災害後の再建および河川・湖の対策，水利建設に関する意見」および 2000 年の国務院「長江上流，黄河中上流地域の天然林保護プロジェクトの実施方案」，同じく 2000 年の「東北，内モンゴルなど重点国有林天然林資源保全プロジェクト実施方案」によって，正式に批准され実施された国家プロジェクトである。これによって，長江上流地域と黄河中上流地域において天然林の商業伐採が全面的に禁止され，東北地域や内モンゴル自治区などの重点国有林の木材生産地域では伐採量が大幅に削減され，他の地域を含む天然林資源が手厚く保護されるようになった。

　表 9.4 は，その実施状況を定置観察するモニタリングの分析結果である。1998 年の長江・黄河流域のサンプル林場（木材伐採企業）における天然林伐採量は総木材生産量の 100％を占めていたが，2000 年以降は 0％となり，2007 年に初めて再開し 61.5％を占めたことが分かる。これは，長江・黄河源流地域の森林保全に対する政府の強い意思を反映しているともいえる。東北および内モンゴル地域については，天然林伐採量はほぼ横ばいで，この水準がこの地域全体の傾向を代表するものかどうか不明だが，この資料からは伐採量の削減効果を読み取ることはできなかった。また，いずれの地域も商業林の伐採量が非常に少なく，全国的な人

表 9.4　サンプル林場の天然林と商業林の生産量比較（単位：万㎥）

年	区域	総木材生産量	天然林		商業林	
			生産量	比重（%）	生産量	比重（%）
1998	東北・内モンゴル	102.25	101.58	99.34	0.67	0.66
	長江・黄河流域	11.47	11.47	100	0	0
2000	東北・内モンゴル	75.18	74.08	98.54	1.11	1.46
	長江・黄河流域	0.02	0	0	0.02	100
2005	東北・内モンゴル	75.73	73.27	96.75	2.46	2.48
	長江・黄河流域	0.13	0	0	0.13	100
2007	東北・内モンゴル	75.43	73.18	97.02	2.25	2.98
	長江・黄河流域	3.74	2.30	61.50	1.43	38.50

出所：国家林業局経済発展研究中心（2008：51）に基づき筆者作成。

表 9.5　六大林業重点事業の資金規模の比較（単位：億元）

時期	天然林	退耕還林	京津風砂源	野生動植物	三北等防護林	速成量産基地
1998	22.8（20.6）	－	3.8（1）	－	17.6（6.3）	5.4（0.5）
2001	95（88.8）	15.4（14.7）	18.3（5.9）	2.1（1.2）	30.3（14.6）	2.4（0.2）
2004	68.2（64.1）	214.3（192.1）	26.8（26.2）	4.4（2.2）	35.3（13.6）	2.0（0.7）
2005	64.4（60.4）	232.1（222.5）	32.8（31）	5.5（3.1）	19.3（9.1）	－

出所：中国林業年鑑（1999～2006年度版）を参考に筆者作成。
注：（　）は，財政支出金の金額を示す。

工林面積が世界一とはいえ，現段階では利用できる人工林資源がまだ乏しい状況が推察できる。

　退耕還林（草）事業は，その中のもう一つの重要な内容である。1998年の「中華人民共和国土地管理法」および 2000 年の「中華人民共和国森林法実施条例」の公布によって，特に西部地域の傾斜地を対象とした退耕還林（草）事業の重要性が強調され，事業実施に必要な法的枠組みが形成されると同時に，同年の国務院の複数の部委員会による「2000年長江・黄河中上流地域における退耕還林・還草事業の実験拠点事業の実施に関する通知」を契機に本格的に実施された。

全体として次のような特徴をもつ。一つは，すべての事業の中で，退耕還林事業の総投資規模および財政資金規模が最も大きい傾向を示している点である（表9.2）。これは，この事業の実施主体が農民であり，特に2001年に専門家から指摘されたこの事業による地域農民の貧困への逆戻り現象に対する憂慮，および農民の事業参加への積極性を考慮して，財政資金による食糧配給と現金補助制度を慎重に行った結果である考えられる。また，この事業における中国特有の動員型戦術による実施状況が窺える。

　二つ目は，これらの生態環境保全事業の実施は，純粋な造林事業への資源投下がなされたというより，むしろ国有林場の構造改革や森林経営における請負制度などの林権改革といった制度改革へのコスト投下と並行して行ったといえることである（国家林業重点プロジェクト社会経済効果モニタリングセンター 2004）。

　具体的には，かつての伐採事業の全面停止によって職を失った労働者に社会保障費など生活安定のための費用を支給することで，政策の転換による社会安定化を図ろうした。同時に，2006年の黒竜江省伊春市における国有林林権制度改革モデル事業を皮切りに，元労働者の生活向上と森林経営の活性化を図ることを目標とした林地請負経営制度を，全国の広い範囲で導入するようになった。これは事業導入の当初から打ち出された「森林を再生し，住民を豊かにする」（中国語で「興林富民」）という造林事業スローガンを具体化したものである。したがって，財政資金の多くが直接に造林事業に使われたのではなく，制度改革のコストとして費やされ，限られた財政資金を生態環境保全に配分するのが厳しかったと推察される。しかし，これは中国が歩むべき必然的な前進方向であり，現実的な課題であるともいえる。

9.3　国家林業重点プロジェクトにおける政府間の財政関係

9.3.1　造林事務における政府間の財政分担

　中国の生態環境保全事業全般において，国の責任はとりわけ重要であるといえる。その理由は次のとおりである。

　一つ目は，国の政策による開発である。小島麗逸（2000）によって指摘されたように，中国では，1950年代後半の大躍進時代，および1964年に始まった「三線」建設事業による軍事産業を中心として，多くの資源消費型産業が，西部地域，つまり当時の四川，河南，貴州，雲南，陝西，甘粛，青海，寧夏など7つの地域と，河南，湖北，湖南，山西の4つの省へ移設されることによって，大規模なインフラ整備による自然破壊が引き起こされた。また重工業を中心とする産業構造が形成され，西部地域の貧弱な自然環境にさらに負荷をかけた（曾培炎 2010）。1980年代に入っても，国による高度な経済成長路線の下で，環境政策はスローガン的な意味合いしかもたず，環境コストを顧みない開発行為がしばらく続いた。

　二つ目に，現段階の中国では，ナショナルミニマムが実現されておらず，財政的効果における「スピル・オーバー」現象を考えれば，当然のことながら中央財政および上位政府の財政に対する期待感が大きい。

　現行の林業統計では，中央財政と地方財政の資金分担構図についてほとんど情報がなく，調査報告資料やその他の政策文書から中央財政および省級財政の役割を把握した。産業公害政策と同様に，生態環境保全政策も国が制定し，地方にその執行事務を委ねる指令型執行システムの下で，中央財政による政府間財政移転の割合は少なくない。

　これらの資金では，概ね中央財政の一般予算，特定事業への特定資金項目および国債発行による地方への融資政策など，三つのルートが使われている。そのうち多くの事業が国の重点事業に指定されていることか

ら特定資金項目を通じて移転されるケースが少なくない。

　ほかには国債発行資金を元本とする融資政策が挙げられる。1998 年に六大林業重点プロジェクトが導入され始めた当時，東南アジア地域で端を発したアジア金融危機の影響で内需拡大の一環として国債発行資金によるインフラ事業への融資政策が導入され，環境保護政策の一部もその対象となった。

　表 9.6 および表 9.7 は，これらの事業に関する政府間の財政関係を表した内容である。デ　クの制約上，事業実施における全体像を示すことにはならないが，幾分の特徴的な傾向を示してくれた。まずは，多くの政策関連文書が示したとおりに，中央財政の役割が非常に大きい。2003 年の傾向では総投資額の面においても，資金達成率の数値からしても，

表 9.7　モニタリング事業からみる政府間財政コスト負担（単位：億元（%））

| 年 | 中央財政移転資金 | | | 要求された地方投入資金 | | |
	実質上の実施総額	特定資金	国債発行資金	実質上の実施総額	特定資金	国債発行資金
1998	4.1	2.2　（84）	1.9　（58）	0.7	0　（0）	0.7　（90）
1999	11.1	5.8　（103.3）	5.3　（99.1）	0.6	0.2　（20.5）	0.4　（35.5）
2000	11.5	7.9　（98）	3.6　（146）	0.2	0.18　（12）	0.009　（1）
2001	13.4	12.4　（106）	0.9　（108）	0.2	0.2　（9.5）	0　（0）
2002	13.5	12.5　（106）	1　（118.8）	0.4	0.39　（15.9）	0.01　（18.6）
2003	10.3	9.3　（106）	0.99　（113）	0.21	0.2　（12.4）	0.01　（6.8）

出所：国家林業重点プロジェクト社会経済効果モニタリングセンター（2004：61）に基づき筆者作成。
注：（　）内は，計画資金額に対する実際の実施割合を表す。

表 9.8　モニタリング事業における自然保護区資金投入状況（2007 年）（単位：億元）

項目	計画した投入総額	実際実施額	達成率（%）
総投資	1.4	0.87	62.1
その中の中央財政資金	0.96	0.64	66.7
地方財政資金	0.44	0.23	52.3

出所：国家林業局経済発展研究中心（2008：185）に基づき筆者作成。

表 9.6 国家林業重点プロジェクトの資金構成（単位：万元、％）

年	総資金額 (a)	地方財政調達資金 (b)	地方財政資金比率 (b/a)	中央財政の移転資金									
				総額 (c)	c/a	予算内基本建設資金	国債発行資金	中央財政特定資金	国内融資	外資	自己外資	その他
2003	3,246.191	214.081	6.6	2,952.278	90.9	–	872.170	1,962.994	12.006	7.075	77.028	197.804
2004	3,440.159	199.491	5.8	3,062.615	89.1	–	758.678	2,156.826	3.922	7.560	110.841	255.222
2005	3,485.705	184.801	5.3	3,271.031	93.8	–	660.940	2,382.159	12.173	4.190	87.575	110.726
2006	3,372.522	187.272	5.6	3,225.173	95.6	–	465.650	2,631.040	283	4.467	36.572	106.197
2007	3,428.259	119.285	3.5	3,278.350	95.6	–	493.283	2,599.125	2.398	4.096	40.684	102.841
2008	4,352.540	189.529	4.4	4,153.920	95.4	284.300	512.909	3,197.151	28.202	9.352	88.047	73.019
2009	5,309.138	285.087	5.4	5,000.396	94.2	472.325	490.062	3,844.034	18.158	12.384	152.271	125.979
2010	4,484.478	335.831		444.940	91.8	512.834	264.663	376.822	17.900	7.051	217.395	156.692

注：2011 年以降の林業統計項目の変更。

中央財政の資金投入規模は地方財政のそれを遥かに上回っている。また国債発行を実施して間もない1999年の国債発行資金の融資額が急増したのに対して，その後は縮小に向かったことが分かった。

　一方で，地方財政の数値をみると，まったくと言っていいほど政策への積極性が窺えない水準であり，中央財政による地方へのコントロール力の脆弱さがみられた。しかし，次の表では地方財政の緩やかな改善がみられ，総投資額における中央財政のウェイトが依然として高い割合を示す中で，地方財政の求められた資金投入率の向上がみられた。これはおそらく，2006年から導入し始めた地方政府責任制度が功を奏した可能性があるが，データの制約により，事業全般におけるこのような政府間の財政関係を正確に把握することはできない。

　こうした国の政策的位置付けを認識しながらも，地元への利益還元の最大化や政策目的の確実な実現と政策効果の確保を考えると，地元の政府の協力と自主的な資金活動も欠かせない。このような財政移転資金がどのようにして現場に配分されていくのか，このような政策実施に伴って地元にどのような利益と不利益を与えるのか，またこのような問題に対して，政策執行を担う地元にはどのような抵抗とインセンティブがあるのかなど，実態に関わる問題について今後さらに研究を深めていく必要がある。

9.3.2　三北防護林建設事業における政府間財政関係

　1978年の年末，中国共産党および国務院の首脳機関は風砂被害と水土流失が最も激しい東北，華北，西北の三つの地域に対して，国を挙げて実施することを前提に，体系的な防護林建設計画を打ち出した。グリーン長城と呼ばれる，いわば三北防護林建設事業である。

　この事業は，東は黒竜江省賓県を起点とし，西は新疆ウルムチ自治区烏孜別里山の入口付近を終点とする，東西全長4480km，南北幅560kmから1460kmに達する壮大な規模をもつ。黒竜江省，吉林省，遼寧省，天

津市，北京市，河北省，山西省，内モンゴル自治区，陝西省，甘粛省，青海省，寧夏回族自治区，新疆ウルムチ自治区など13の省・自治区にまたがり，551の県・旗・市の実施拠点をもつ。計画目標に掲げた防護林建設の総面積は406.9万㎢に達し，全国土面積の42.4％を占める規模である。事業は1978年に着手され2050年に完成するという，73年間に及ぶ長期的な建設事業である（国家林業局 2008）。さらに，1978 ～ 2000年を第1段階，2001 ～ 20年を第2段階，2021 ～ 50年を第3段階とし，それぞれの実施段階を，①1978 ～ 85年を第1期，②1986 ～ 95年を第2期，③1996 ～ 2000年を第3期，④2001 ～ 10年を第4期，⑤2011 ～ 20年を第5期，⑥2021 ～ 30年を第6期，⑦2031 ～ 40年を第7期，⑧2041 ～ 50年を第8期の八つの期間に区分し，それぞれの段階および期間の経済的，社会的，技術的な状況に合わせて実施計画の体系化を図ってきた。2014年現在は，第2段階の第5期の実施期間に当たる。

　三北防護林建設事業は，既存の森林資源や植生状況を維持することを前提に，さらなる造林育林事業を導入することで，2050年には三北地域の風砂被害および土壌流出を概ね制御することを目的としている。具体的な数値目標では，1977年の林地面積2314万haを，2050年には6084万haの規模に引き上げることを掲げた。また森林被覆率では，1977年の5％から2050年の15％に，林木蓄積量では1977年の7.2億㎥から2050年の42.7億㎥にと，約6倍の増加を目標として掲げた。この事業では，このような森林被覆率や林木蓄積量といった生態効果の改善のみならず，実施拠点地域の農民の経済収益の増加を含む地域経済発展を重要な課題とした。同時に，多くの少数民族が居住するなどの地域の特殊性を視野に入れ，生態環境の改善や貧困撲滅，経済収入の増加などを通じて，社会の安定化を図ることも重要な政策目標の一つだった。つまり，生態効果，経済効果および社会効果を同時に達成することを政策目標として位置付けた（国家林業局 2008）。

　表9.9は，2000年以降の三北防護林建設事業の造林面積とその内訳を

表 9.9 三北防護林建設事業における造林面積 (単位：ha)

| | 全国造林面積 (a) | 三北防護林建設面積 (b) | 三北防護林建設の内訳 | | | | | b/a (%) |
			用材林	経済林	防護林	薪炭林	特殊用途林	
2000	5,105,138	1,053,161	169,037	247,708	602,978	30,748	2,690	20.6
2001	4,953,038	535,520	74,524	125,659	323,578	8,965	2,794	10.8
2002	7,770,971	453,763	32,718	68,226	347,829	4,236	754	5.8
2003	9118,894,	275,296	7,793	26,429	237,552	2,748	774	3
2004	5,598,079	232,342	4,723	51,831	172,534	2,292	962	4.1
2005	3,637,681	217,891	2,261	46,785	165,986	2,335	524	5.9
2006	2,717,925	247,509	4,098	40,742	202,206	287	176	9.1
2007	3,907,711	381,529	4,655	94,116	282,407	348	3	9.7
2008	5,353,735	497,947	11,713	116,926	368,584	170	554	9.3
2009	6,262,330	1,255,873	26,862	166,290	1,060,084	762	1,875	20
2010	5,909,919	928,240	10,573	138,154	776,238	376	2,899	15.7
2011	5,996,613	737,784	10,677	66,451	658,290	173	2,193	12.3
2012	5,595,791	678,737	12,941	38,523	626,299	648	326	12.1

出所：中国林業統計年鑑 (2000 ～ 12 年度版) のデータに基づき算定した。

示したものである。データの制約によって，2000 年以前の事業概要を示すことはできないが，国全体の植林造林事業に占めるウェイトが非常に高いことを読み取ることができる。

　中国が生態環境改善のための本格的な植林造林事業を始めたのは 1998 年の国家六大林業重点プロジェクトがきっかけである。そのため，2000 年以前は主要流域の防護林建設および三北防護林建設が主な事業となっていた。2000 年の全国造林事業に占める三北防護林建設事業の割合は 20.6％で，その後，減少傾向を示すものの，2006 年以降は再び増加傾向に転じている。事業内容をみると，用材林，経済林，防護林，薪炭林，特殊用途林の中で，防護林の割合が最も大きく，2012 年には三北防護林建設事業全体の約 92％を占めた。その次に割合の大きいのが経済林であり，2007 年および 2008 年には 2 割を超えた。三北防護林建設事業の最大の目標が周辺農地および村落や都市への風砂の侵食防止

表 9.10 三北防護林建設事業の面積と財政関係 (単位：ha)

各省の上段は（中央投資）、下段（ ）内は（造林）を示す。

	三北防護林造林総面積	北京市	天津市	河北省	山西省	内モンゴル自治区	遼寧省	吉林省	黒龍江省	陝西省	甘粛省	青海省	寧夏回族自治区	新疆ウイグル自治区
2000	1,053,161	2,769	8,605	156,472	122,401	266,763	64,517	54,077	66,867	113,943	67,656	35,291	30,493	53,307
2001	541,714	4,773	4,205	99,226	17,701	36,738	55,372	11,641	100,697	11,894	48,892	11,496	48,669	90,910
2002	453,763	1,512	3,446	16,034	23,537	5,592	74,387	12,155	65,353	35,784	24,787	29,378	52,142	109,256
2003	275,296 (261,963)	3,555 (3,555)	5,215 (5,215)	19,605 (16,272)	25,363 (25,363)	4,905 (4,905)	18,115 (18,115)	18,620 (18,620)	23,145 (23,145)	15,944 (15,944)	23,810 (23,810)	5,281 (5,281)	36,999 (36,999)	75,039 (65,039)
2004	232,342 (154,932)	1,541 (1,541)	4,183 (3,000)	18,866 (18,000)	13,246 (12,313)	4,806 (4,606)	13,717 (13,717)	14,574 (14,574)	32,133 (2,000)	7,738 (7,738)	19,681 (19,681)	6,821 (6,821)	11,977 (11,977)	82,659 (20,564)
2005	217,891 (149,382)	820 (820)	3,290 (3,290)	14,269 (9,369)	11,331 (11,331)	— (—)	23,960 (23,961)	10,334 (10,334)	17,261 (17,261)	6,787 (6,787)	13,355 (13,355)	6,967 (6,967)	26,200 (26,200)	83,317 (19,708)
2006	247,509 (188,602)	574 (574)	2,134 (1,067)	18,135 (12,669)	7,868 (7,868)	41,377 (41,374)	19,283 (19,283)	14,641 (14,641)	24,901 (24,901)	21,703 (20,354)	13,167 (13,167)	4,591 (4,591)	17,675 (17,675)	61,460 (10,438)
2007	381,529 (272,236)	528 (528)	792 (792)	22,126 (16,333)	25,665 (25,665)	33,881 (33,881)	34,364 (34,364)	10,031 (10,031)	29,160 (29,160)	34,617 (34,617)	32,384 (32,384)	5,508 (5,508)	32,658 (23,044)	119,915 (26,029)
2008	497,947 (381,567)	1,017 (1,017)	2,843 (2,667)	31,853 (27,366)	44,287 (44,287)	72,172 (72,172)	15,999 (15,999)	15,835 (15,835)	32,263 (32,263)	36,273 (36,273)	36,876 (36,876)	7,732 (7,732)	54,711 (22,750)	146,086 (66,330)
2009	1,255,873 (1,043,296)	314 (314)	2,491 (2,491)	75,996 (66,378)	114,645 (92,170)	234,100 (206,294)	83,840 (61,840)	26,161 (23,828)	153,193 (148,059)	117,286 (97,286)	94,119 (61,040)	55,967 (15,967)	49,106 (39,583)	248,655 (228,046)
2010	928,240 (606,561)	47 (47)	2,690 (2,690)	40,085 (25,134)	65,743 (43,057)	154,753 (90,418)	77,218 (39,183)	45,513 (29,298)	129,792 (85,359)	89,848 (53,847)	55,635 (28,769)	24,860 (13,432)	63,363 (53,429)	178,693 (141,898)
2011	737,784 (411,083)	—	2,319 (2,319)	42,214 (25,165)	47,408 (31,224)	125,380 (64,711)	68,949 (36,855)	24,004 (23,337)	83,064 (45,889)	78,666 (38,667)	68,848 (29,391)	51,059 (17,725)	16,752 (12,084)	129,121 (83,716)
2012	678,737	333	1,864	30,999	52,224	122,916	68,881	13,813	74,744	66,533	57,010	42,847	18,001	128,572

出所：中国林業統計年鑑（2000～12年度版）のデータに基づき作成した。

注：2012年度、2001年度、2000年度の統計データには、全体資金投入に占める中央財政の割合が示されなかったため、記入していない。

であることや，当該地域の多くが貧困地域であることから，地元農家の経済収益への配慮が窺える仕組みとなっている。

表 9.10 は，三北防護林建設事業の実施面積を資金ベースでみたものである。この表では，中央財政のほかに，北京市，天津市，遼寧省，吉林省，黒竜江省，山西省，河北省，陝西省，内モンゴル自治区，寧夏回族自治区，甘粛省，青海省，新疆ウイグル自治区がそれぞれ実施してきたことを読み取ることができる。全体投資に占める中央財政の投資率は非常に高く，最も高い 2003 年には約 95％を，その次の 2009 年には約 83％を占めており，最も低い 2011 年にも約 56％を占めていた。各地の資金投入状況をみた場合，北京市や天津市はほぼ毎年，中央財政から特定資金として移転されたことが分かる。特に，2003 年から 2008 年の間には，新疆ウイグル自治区と寧夏回族自治区の一部の年を除くと，各地の毎年の財源が中央財政から 100％移転されたことが分かる。中央からの財源移転が最も低い新疆ウイグル自治区をみた場合，最も低い 2006 年が 16.9％，2007 年が 21.75％，2005 年が 23.7％，2004 年が 24.9％を占めるほか，最も高い 2009 年が約 91％を占めており，2010 年には 79.4％，2011 年には 65％を占めている。

中央財政からの資金移転が高い割合を占めており，造林面積に対して，資金規模が若干上昇する傾向を示すことから，特に 2000 年以降の物価上昇に連動して植林・造林コストが上昇していることが窺える。三北防護林建設事業は 30 年来，①中央財政の特定資金移転，②地方政府の中央財政移転資金に対する一定の割合の資金投入，および③住民の義務植樹活動，の三つの柱によって実施されてきた。

2008 年までの全体投資額は 602 億 6577 万元に上り，その中で中央財政の資金は 50 億 3069 万元の 8.3％に過ぎない。これは，義務植樹活動によって動員された住民の投下労働を貨幣に換算した場合の割合である。このように 2008 年まで投下された住民の義務植樹労働を貨幣に換算すると 47 億 704 万元，全体の約 78.1％を占める（国家林業局 2008）。その

ために，中央財政の資金投入は，各地の植林コストを大きく下回る金額に過ぎなかった。その基準は，第1期（1978～1985）では1ha当たり54.15元，第2期（1986～1995）では58.65元，第3期（1996～2000）では120元で実施されたが，第4期（2001～2010）には1500万元に引き上げられた。しかし，第4期の2001年から2007年の中央投資金額は実際の計画目標の18.7％に過ぎず，地方への造林ノルマも事業計画の約半分の57.4％しか達成できていないことが分かった。特に，乾燥半乾燥地の植林造林事業は，アクセスしやすく，自然条件上活着率が比較的高いところから着手する傾向がある。そのために，今後の植林造林対象地域は降雨量がさらに少なく（場合によっては年間200mm以下），活着条件が非常に厳しい地域での展開となる。したがって植林造林コスト[47]がさらに上昇するものとみられている。

2011年から第5期プロジェクトが実施され，2020年までに1000万haの造林面積と12％の森林被覆率を政策目標として明らかにした。この期間には，修復可能な砂漠化土地の50％以上を緑化し，水土流出面積を70％以上に留めた上で，平原農業区域の森林隔離帯率を80％まで引き上げることを政策目標として掲げている。前述した残余対象地域の適性を考慮し，水資源の潜在性や防護林と経済林の組み合わせなど，それぞれの地域の自然環境の特性に合わせた総合計画[48]を立案している（潘迎珍 2010）。

47　植林造林コストには，苗木を栽培・購入する費用のほか，灌漑のために大量に消費する水資源の費用もある。そのため，直接的な経済コストのほか，貨幣試算では正確に評価できない自然コストも含まれる。

48　この総合計画を三北防護林体系類型区画ともいう。全国一級区として，東北華北平原農業区域，風砂区域，黄土高原区域，西北荒漠区域の4つの区域に分類し，さらに全国二級区として19区域，489県（旗，区）に細分化された体系からなる。

9.3.3 京津風砂源対策事業における政府間財政関係

30年間の三北防護林建設事業は,中国北方の乾燥半乾燥地域の風砂侵食の防止および植生回復に対して大きな役割を果たした。しかし,そのスケールが北方全域に広がることから,北京や天津といった局部地域の深刻な風砂被害にはそれほど有効な制御力にならなかった。中国北部では,1950年代には砂塵暴[49]が年間5回程度発生し,1990年代になってからは年間23回程度,それが2000年の3～4月の1ヵ月の間に12回発生することになった。このように2000年に入り,北京市および華北地域を襲う砂塵暴は,頻度が減るどころか,その範囲や被害状況においてますます憂慮すべき事態となった。京津風砂源対策プロジェクトは,このような極端な気候現象に対処するため,北京を中心とする華北地域への風砂の襲来を防ぐことを目的に着手された国家プロジェクトであった。

2000年10月に国務院は,国家林業局と農業部,水利部など中央関係省庁,および北京市,天津市,河北省,内モンゴル自治区,山西省など5つの地方政府と共同で,環北京地区防砂治沙事業計画(2001～2010)を公布した。これは第1期プロジェクトといわれるもので,北京市やその周辺地域の砂漠化土地の分布状況および拡大趨勢,生成要因を把握し,地域の特性を活かした造林や,防護林,草地保全のためのプロジェクトを実施するという政策内容である。第1期プロジェクトの実施対象には北京周辺に位置する北京市,天津市,河北省,山西省,内モンゴル自治区の5つの市・省・自治区が含まれており,植林造林事業のほかに,退耕還林事業や農地(草原)森林隔離帯,放牧禁止による畜舎経営,小型水利施設の建設,水源地保全事業,小流域の総合対策および生態移民などの措置が含まれた。

京津風砂源対策事業は,西側の内モンゴル自治区達茂旗から東側の河

49　砂塵暴とは,都市部や周辺農村地域を襲う巨大な砂嵐を指す。

北省平泉県まで東西 700km，そして南側の山西省代県から北側の内モンゴル自治区東烏珠穆沁旗まで南北 600km におよび，75 の県（旗，市区）にまたがる 45.8 万km²の国土が対象とされた。複雑な地形のほか，年間平均降雨量 459.5mm の乾燥半乾燥気候の特徴をもった典型的な水資源不足地域である。対象地域の総人口は 1957.7 万人であるが，そのうち 1622.2 万人が農業畜産業人口で全体の 82.9％を占めており，総人口の約 22.5％に当たる 440 万人が貧困人口とされた。特に河北省のプロジェクト実施区域内の貧困人口が最も多く，全体の約 38.5％を占めた。

　北京やその周辺地域への風砂浸食は，気候的な条件と風砂源となる草原の植生破壊問題，および土地の砂漠化が主な要因とされた。そして北京市に飛来する砂塵暴のルートは三つあるとされた。つまり，一つは内モンゴル自治区渾善達克砂漠－河北省坝上－北京市およびその周辺地域，二つ目は内モンゴル自治区朱日和－洋河渓谷－永定河渓谷，三つ目は桑干河渓谷－永定河渓谷とされた。現在は風砂源と認定される内モンゴル自治区内の地域は，かつては見渡すかぎりの草原が広がり，自然植生が眩しく，青々とした豊かな草原だった。近年の人口増加に伴う草原への人口流入，農耕技術の草原への普及，過度な開発などの人為的な要因によって，自然植生の自己修復能力が低下し，偏西風に晒され，草原の荒廃化が進んできた。自然植生の破壊は地域農耕民族の貧困問題を招来し，貧困解消のためにさらに自然植生を破壊するという悪循環が続いてきた。

　そのような意味で，京津風砂源対策事業は，①急速に広がる砂漠化を阻止し，②土地の生産性の向上を図り，③深刻な水土流出を改善し，④植生の悪化状況に歯止めをかけると同時に，⑤地域社会の経済発展につなげることで，生態環境保全と地域社会の貧困解消を同時に実現するのが政策目的とされた。

　2000 年に制定された環北京地区防砂治沙事業計画（2001 ～ 2010）では，対象地域の特性に基づき，①北方乾燥地草原砂漠化対策区域，②渾善達克砂漠化対策区域，③農牧交差地帯砂漠化土地区域，④燕山丘陵山地水

表9.11　京津風砂源対策の植林状況 （単位：ha）

	全国造林面積 (a)	京津風砂源対策造林面積 (b)	京津風砂源対策造林事業の内訳					b/a (%)
			用材林	経済林	防護林	薪炭林	特種用途林	
2001	4,953,038	217,320	18,102	32,260	165,463	1,446	49	4.4
2002	7,770,971	676,375	19,801	47,266	603,539	5,176	593	8.7
2003	9,118,894	824,427	19,397	21,078	782,638	947	367	9
2004	5,598,079	473,272	8,223	10,553	453,858	470	168	8.5
2005	3,637,681	408,246	6,544	7,090	393,693	600	409	11.2
2006	2,717,925	219,714	8,737	2,978	207,479	200	320	8.1
2007	3,907,711	315,132	5,159	20	308,906	–	1,047	8.1
2008	5,353,735	469,042	12,804	3,481	451,584	–	1,173	8.7
2009	6,262,330	434,817	17,315	3,675	411,268	1,358	1,201	6.9
2010	5,909,919	439,126	8,908	2,643	427,241	–	334	7.4
2011	5,996,613	545,191	9,672	11,412	523,773	–	334	9
2012	5,595,791	541,690	12,553	12,629	512,059	3,923	526	9.6

出所：中国林業統計年鑑（2001～12年度版）のデータに基づき作成した。
注：京津風砂源対策事業は2002年から導入しているが，それ以前は1991年から全国防砂治沙プロジェクトが全国27の省自治区の598県で展開された。2001年の統計には環北京地域防砂治沙事業として計上されていた。両者は実施目的が同じであるが，実施対象が若干異なる点で区別される。

資源保護区の四つの対策区域に区分し，それぞれの区域における植生破壊原因および現況を把握した上で，その地域に合った対策方法を導入した。人口構成や経済発展水準および砂漠化した土地面積，修復可能な土地面積を算出した上で，2001年から2010年までの具体的な育林造林目標や草地改良目標を数値で掲げた。

　表9.11は，京津風砂源対策事業の造林面積を示している。最も低い2001年と最も高い2005年を除くと，おおむね全国造林面積の8～9%で推移した。わずか北方五つの省（直轄市，自治区）の成果として決して低いレベルではない。樹種の構成からみた場合，防護林の割合が最も高く，その次に経済林と用材林が続く構成となっている。京津風砂源地域の植生破壊要因は主に人口の増大や過度な放牧と伐採によるものであり，地域住民の経済収入の低さが誘発したものとして受け止めることも

表9.12　京津風砂源対策と中央財政資金（単位：万元）

	京津風砂源対策総額 (a)	中央財政資金			b/a (%)
		合計 (b)	国債資金	中央財政特定資金	
2003	258,781	239,513	122,507	117,006	92.6
2004	267,666	261,900	82,050	179,850	97.8
2005	332,625	325,408	81,585	243,823	97.8
2006	327,666	310,029	59,828	250,201	94.1
2007	320,929	298,768	48,157	250,611	93.1
2008	323,871	310,795	74,594	236,201	95.9
2009	403,175	355,377	58,235	297,142	88.1
2010	382,406	329,166	47,958	281,208	86
2011	250,395	223,978	–	–	89.4
2012	356,646	321,863	–	–	90.2

出所：中国林業統計年鑑（2003～12年度版）のデータに基づき算定した。

できる。そのため，この地域の植生回復事業は地域住民の貧困解消問題と深く関わるとされ，造林・育林事業および草地改良事業への経済的補償制度を設けたほか，森林更新材や経済林の利活用を内容とする，地域産業の育成にも大きく関わってきた。[50] 地域内の自然資源を活用した内発的発展への新しい試みとして捉えることができる。

　表9.12からは，このような成果が，国家プロジェクトとして実施され，中央財政の特定資金を中心とする政府間財政移転資金によって実現されたことが確認できる。京津風砂源プロジェクトを実施して以来，2003年から統計データが整備されるようになったが，その後の資金投入の傾向を分析すると，2009年，2010年と2011年を除いたすべての年における中央財政資金の割合は，いずれも9割を超えており，2009年でも88.1％，2010年には86％，2011年には89.4％と，非常に高い割合を占

50　2012年3月の北京市，河北省承徳市・平泉県での実地調査では，地元の中小企業が契約農家と連携して，地元でとれる山杏の廃材を活用した全国最大のキノコ菌床生産地およびキノコ生産拠点を作り上げたことを確認できた。

めていることが分かる。このように国が地域住民の生態環境保全への高いニーズを最優先課題として位置付け，グリーン民生を地域社会の生存権保障の要件として取り組んできたことが読み取れる。

　京津風砂源対策事業では，第1期の10年間の取り組みを経て，次のような顕著な生態改善効果がみられた。まずは，植生回復能力において，高木，低木および草本植物を組み合わせた複合型植生修復群落が多くの地域でみられるようになったほか，植生被覆率の大きな改善がみられた。2004〜2008年に行った第7回全国森林資源調査では，京津風砂源対策地域の林地面積は1446.02万ムーとなり，2003年に終了した第6回全国森林資源調査の結果より133.66万ムー増加したことが分かった。また対策地域の森林被覆率は，2003年の10.94％から2008年の15.01％に改善され，立木蓄積量は第6回調査期間の年間増加量の2倍に相当する421.66㎥に改善されていたことが明らかになった。また，1999〜2009年の第4次全国荒廃化砂漠化土地調査では，京津風砂源対策事業の五つの地域の砂漠化面積が116.3万ムー減少したという結果となった。土壌の風食化変化データでは，2001年，2005年，2010年の風食量がそれぞれ11.91億t，9.96億t，8.46億tと示され，2001年に比べて2010年には3.45億t減少したことになる。地表粉塵量のデータでは，2001年，2005年，2010年のそれぞれが3124万t，2629万t，2650万tと，2001年より474.1万t減少した結果となった（京津風砂源対策プロジェクト第2期計画策定研究チーム 2013）。

　2013年3月に実施した実地調査では，2003年以降の農村農業税の撤廃や2007年の民生財政の提起以降に行われた農村住民への義務教育，公的医療制度および公的年金制度の導入以来，特に2000年以降の約10年間実施された新農村建設事業の結果，都市と農村間の所得格差および公共サービスの格差が大幅に是正され，自然資源への過度な依存現象が大幅に改善されたことを確認した。それには，国によるさまざまな政策のほか，出稼ぎ収入の増加や地域産業の育成などが大きな役割を果たす

ことも確認できた。

しかし，2011 年から始まる第 2 期京津風砂源対策事業には[51]，これまでにない大きな課題が残されている。一つは，第 1 期のプロジェクトを通じて，大きな意味での生態環境の改善や経済収益の向上がみられたものの，京津風砂源地域の砂漠化の抜本的な改善につながっていないことである。その証として，現在においても北京市やその周辺地域における砂塵暴現象は頻繁に発生している。二つ目は，今後の植林育林事業の難しさと資源・コストの問題である。

第 1 期プロジェクト実施期間では，国の財政力の制約を受け，対策地域の多くが北京市北部と北西部に集中し，被害地の近距離区域の対策，つまり風向きの下流地域の対策に過ぎなかった。北京地域に襲来する砂塵暴の発生源がさらにその西側にある内モンゴル自治区アラサン高原の騰格里砂漠，烏蘭布和砂漠，庫布斉砂漠，毛烏素砂漠とされていることから，第 2 期ではさらに西への事業拡大が計画されている。しかし，このような地域はさらに降雨量が少なく，年間 200mm ないし 300mm の地域における植林事業は，水資源配分をめぐる地域社会との間に軋轢を生じさせるほか，交通アクセスの不便性や造林コストの増加による財政資金へのプレッシャーをさらに増加させるものとみられる。

おわりに

森林がもつ木材生産を含む多面的な生態機能に対する認識が高まるにつれて，公共財としての認識が高まり，それに見合った公共投資が増え

---

51 第 2 期プロジェクトは，2011 年から 2010 年を実施期間とし，第 1 期の対象地域である，北京市，天津市，河北省，内モンゴル自治区，山西省に加えて，陝西省が加わる六つの省（直轄市，自治区）の 138 県（旗，市，区）で実施される。総面積は 71.05 万km² に及ぶ。第 1 期の政策目標と同じく，グリーン民生と貧困解消が大きなテーマとなる。

続けてきた。その背景には，過去の木材生産機能としての森林の公共的役割から伐採を中心とした開発へ，そしてさらに森林の生態的機能の向上や回復を目的とした政策へと政策転換があった。政府機能と財政機能が，市場経済の深化に伴って公共財や公共サービスを提供する補完的役割へ転換したことが，森林政策の執行を後押しした。現在も森林財政制度は構築途中にあり，政府間の事務分担および財源配分について必ずしも明確なルール化が実現されていない。いまだに国家の重点事業や国家特定事業という名目のもとで資源配分の集中と選択が行われ，その上に地方財政の資金動員が十分に実現できないまま，中央財政からの移転資金に大きく依存しているのが現状である。

第**10**章

小流域開発問題と社会的共通資本
陝西省紅碱淖の縮小問題から

はじめに

　1980年代以降，中国の30年間にわたる急速な経済発展と都市化は，深刻な環境問題を代価に進展にしてきたといっても過言ではない。特に水資源をめぐっては，甚大な水質汚染や水資源の配分をめぐる紛争が後を絶たない。千湖の省と呼ばれる湖北省は，1950年代に100ムー（畝）以上の規模をもつ湖が1332個もあり，その中に5000ムー以上の規模をもつ湖が322個あった。しかし，大規模な埋立や不動産開発および農業工業生産による汚染などによって湖の面積が縮小し，2009年には100ムー以上の湖がわずか574個しか残っておらず，1950年代に比べて56.9％も減少した。2012年10月から施行された中国初の湖沼保全条例となる湖北省湖沼保全条例が制定された背景には湖沼資源の減少

　52　ムー（畝）は中国で古くから使用されてきた土地面積の単位である。1畝は
　　　666.67㎡に相当する。

　53　2012年5月26日，中国湖北経済学院で開かれた日本学術振興会両国間交
　　　流事業日中流域環境ガバナンス研究に関するシンポジウムにおいて，呂忠
　　　梅氏の基調講演の中で報告された。

177

という深刻な事態が存在する。本章は，中国乾燥地域における陝西省紅
碱淖の水域縮小問題を取り上げ，地域経済の開発過程における自然環境
問題，特に自然保護区などの法律上の特別保護措置がとられていない身
近な自然資源の破壊過程を考察し，地方の環境行財政システムが果たす
べき役割と新しい政策方向性を思考する。

10.1　閉鎖水域の資源開発とローカル・コモンズ論

　土地や水，森林，地下鉱物，漁場などの自然資源の利用と管理は，土
地の所有制度と深く関わる場合が多く，共有資源の形態として存在する
ケースも少なくない。そのため，資本主義市場経済体制では自然資源
の管理および利用においては，概ね公的管理，私的管理，共同管理の三
つの形態から考察することができる。ギャレット・ハーディン（Garrett
Hardin）は，地域住民の共同管理下にあるイギリスの牧草地を考察対象
に，オープンアクセスの状態におかれた牧草地が地域住民の過剰放牧に
よって自然環境が破壊され資源が枯渇していくコモンズの悲劇を指摘し
た。最近の日本の事例研究（山本信次 2009）では，地域社会の少子高齢
化や経済的な要因によって地域資源，特に里山の森林資源が過小利用の
ために廃れていく，違う形のコモンズの悲劇が指摘されている。

　従来の経済学では，このような共有地（コモンズ）の悲劇を回避する
手段として，共有地に私的所有権を設定することによって市場の資源配
分機能に任せる方法と，政府の公的管理に任せる方法が提起された。こ
れに対してエリノア・オストロム（Elinor Ostrom）は，長年にわたる実
証的および理論的な研究を通じて，共有資源を保全管理するための有効
な方法は国家の介入や市場による資源配分機能だけでなく，利害関係者
間の自主的かつ適切なルールの取り決め，つまりセルフガバナンス（自
主統治）による適正な保全管理も可能であるという見解を示した（岡田
章 2009）。

コモンズ論の研究は，当初ハーディンが提起したような，土地の所有関係がある程度明確な状況での共有資源という狭い範囲だけではなく，地球環境問題といった類似した法則によって発生するより広い範囲の自然環境問題も範疇としている（室田武 2009）。これらの議論が，土地や水資源を含むすべての自然資源を国有と定めた中国に当てはまるかどうか，またはどのように接合させるべきかという課題があるものの，中国各地で起きている資源をめぐる紛争を解決する方法論の一つとして検討する意味はあると考えられる。

少なくとも 1949 年以前の中国の地域社会では，日本と同じではないものの，共同資源管理のためのコモンズが存在した（菅豊 2009）。1950年代初期の土地改革やその後の人民公社への移行によって，法制度上，土地やすべての自然資源は国有化され，国の計画的な資源配分システムによって統制管理されてきた。特に農村部の水資源管理をめぐっては，古来の地域慣習や慣行がどれほど影響し作用してきたか，現段階の研究では定かでない。少なくとも 1980 年代の高度経済成長期に入る前は，経済は発展途上にあり，国民の生活水準はまだ低く，国家の強力な統制の下，それほど深刻な社会的矛盾が顕在化しなかった。しかし，急速な経済発展と都市化の進展，および地方の自主権限の拡大によって，地域の自然資源の利用が急増し，資源をめぐる地域間の対立と争奪が激しさを増してきた。1990 年代に発生した黄河の断流現象はこのような激しい社会的な矛盾を反映した代表的な出来事である。実際のところ，中華人民共和国水法は 1988 年に制定されたが，2002 年の改正を経て水資源の配分ルールが示された。国は，七つの水系（長江，黄河，珠江，松花江，遼河，淮河，海河）と太湖流域に国の機関となる水利委員会を設置し，これらの流域の水資源配分や水系における地域間の利益調整機能を付与した。これ以外の水系や閉鎖的水域の水資源の配分・利益調整については，事実上はそれぞれの地域間，または地域内の調整メカニズムに委ねている。2002 年以降，全国各地で推奨されるようになった生態補償メ

カニズムは（王朝才・金紅実 2013），このような地域間の資源配分をめぐる利益調整手段としての期待感から生まれた制度である。

陝西省紅碱淖は陝西省と内モンゴル自治区間の共有資源として存在しながら，共同利用や共同管理および利益の調整ルールが共有できない状況の中で，周辺の土地開発や石炭資源開発が優先され，湖の水域面積が縮小し続けている。次節でその悲劇を取り上げる。

10.2　紅碱淖の豊かな自然環境

紅碱淖（ホンジェンノル）は，別名で紅湖と呼ばれる。陝西省神木県爾林兎鎮と内モンゴル自治区オルトス市新街鎮の境界に位置し，毛烏素砂漠とオルトス高原の交差地域に形成された高原内陸型の淡水湖である。東経 109° 42′ から 110° 54′ と北緯 38° 13′ から 39° 27′ に位置する中国最大の砂漠湖である。標高 1200 m の地勢に位置し，東西幅が 10km，南北幅が 12km あり，湖岸線は 43.7km に上る。最大水深は 12 m に達する。流域は壕頼河，柴卜素河，営盤河，拖河，蟒盖兎河，爾林兎河，木独石犁河の七つの季節型支流から構成され，流域の総面積は 1500k㎡ に及ぶ。総流域の 3 分の 1 が陝西省域に属し，残りの 3 分の 2 が内モンゴル自治区域に属する。年間平均気温は 8.9℃，最高気温は 39℃，最低気温 − 29℃ となるが，年間平均降雨量は 350㎜ しかなく，主として 7 〜 9 月に集中する。冬季は通常の気候条件では毎年 11 月下旬から翌年 3 月下旬まで 5 ヵ月間の氷結が続き，その厚さは 0.8 〜 1 m 前後である。

中国最大の砂漠淡水湖として周辺地域の気候条件や農業漁業および観光産業に大きな影響力をもつ。砂漠地域独特の自然環境によって独自の生態系を形成しており，固有種を含む豊富な生物資源を有する。湖には固有種を含む 16 種類の淡水魚が生息し，渡り鳥を含む 30 種類以上の野生鳥類の生息地として知られている。その中には，世界絶滅危惧種および国家 1 級保護動物に指定された遺鴎や，国家 2 級保護動物に指定され

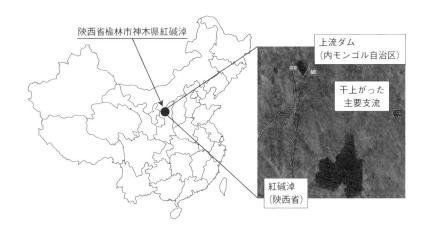

図 10.1　中国陝西省紅碱淖の地理的位置

図 10.2　紅碱淖の湖岸に佇む遺鴎
出所：谷垣岳人氏提供，2012 年 8 月 3 日現地撮影。

第 10 章　小流域開発問題と社会的共通資本　　181

たハクチョウやカワウ，ミサゴ，カモ，オシドリの繁殖地となっている。湖周辺の大半は，固定された砂丘や砂漠化が進行中の丘陵地帯からなるが，そこには砂地の固有種を含むさまざまな植物が生息している。

　1995年に陝西省人民政府によって省級風景名所に指定され，2003年6月には神木県人民政府によって県級湿地保護区に指定され，指定湿地の総面積は300㎢の範囲に及ぶ。現在は国家重要湿地自然保護区目録に登録され，漢民族とモンゴル民族の融合文化および農牧交錯文化の象徴地域の一つとなり，それに魅せられた大勢の観光客が訪れている。観光産業は湖周辺の重要な経済収入源の一つであり，地元の住民にとっては重要な生計維持手段の一つである。

10.3　国土資源管理体制下の紅碱淖湿地の異変

　紅碱淖の「淖」はモンゴル語であり，「水たまり」「湖沼」を意味する。「紅碱」とは赤色のアルカリ性土壌という意味であるが，湖水に含まれる天然のアルカリ性物質と藻類生物が湖底の泥に混合された状態で太陽の光によって紅色のアルカリ性の土壌に変色したことに由来する。したがって，紅碱淖は名のとおり「紅色のアルカリ性湖」という意味である。

　紅碱淖の湖としての歴史はそれほど長くない。今から約130年前の清王朝の光緒年代（1875〜1908年）には，地勢が低い小さな水たまりに過ぎなかった。当時は集水能力が小さく，旱魃に見舞われる年には干上がってしまうほどの規模だった。

　表10.1は紅碱淖の水面面積を示したデータであるが，1929年にはわずか2㎢しかなかったが，1947年には20㎢まで拡大し，1954年頃から湖周辺の人口が急増するようになった。1958年には疏水工事や洪水防止のための人工河を増設し，湿地面積を増やすための大規模な水利事業を行った結果，湖面の水域面積は40㎢に達するようになった。1960年代に入ってからは，連続して水災害に見舞われるほど水位が上昇し，水

表 10.1 紅碱淖の湖面面積の変化
（単位：㎢）

年代	湖面面積
清道光年代	水溜まり
1929	2
1947	20
1958	40
1969	100
1979	70
1986	58.6
1997	57
2002	45
2004	42.4
2005	40
2007	39.3
2012	32.88

出所：陝西省治沙弁公室の提供資料お
よび中国气象报社（2007 年 09
月 20 日）の記事内容に基づき
筆者作成（http://english.cma.
gov.cn/tqyb1/qhbh/zxdt/detail/
t20070920_215331.phtml 2013 年 3
月 30 日閲覧）。

表 10.2　低下した湖面水位の状況

年度	降下した水位（m）	湖面の縮小面積（万ムー）	水容積量の減少（億㎡）
1999 ～ 2000	0.8	1	1.1
2004 ～ 2007	1.2	1.2	1.2
2008 ～ 2011	2	2	1.6

出所：データは陝西省治沙弁公室の漆喜林氏によって提
供された。

面面積は 100㎢に及んだ。しかし 1970 年代以降は大規模な水利工事や
引水灌漑農業の発展によって約 70㎢に減少し，1980 年代に入り，灌漑
農業や道路ダムの建設および炭鉱開発などの要因によって，さらに減少
した。陝西省農業衛星観測情報センターの観測によれば，1980 年以降，
湖の水域面積は年々縮小し，1986 年には 58.6㎢もあった面積が 1997 年
には 57㎢に減少し，2007 年には 39.3㎢までに減少した。1986 年から
1997 年の間には 1.6㎢が減少し，これは 1986 年当時の 27％の面積に相
当する広さだったが，1997 年から 2007 年の 11 年間にはさらに減少速
度が激しくなり，合わせて 17.7㎢が減少し，1986 年当時の水域面積の
約 30.2％が消失した計算になる。その後の継続観測では減少し続ける
データが報告されており，2012 年には 32.8㎢までに減少した。

54　中国气象报 2013 年 1 月 16 日掲載記事 http://www.cma.gov.cn/kppd/
kppdqxyr/kppdjsqx/201212/t20121218_198128.html（2013 年 3 月 30 日アクセス）

湖の水域面積の変化は，特に生態系への影響が大きく，長期的な観点からは地元の産業や生活環境にも大きな影響を及ぼす恐れがある。また，水域面積の変化によって湖面水位の大幅な低下がみられた。

　表10.2は，水位低下の傾向を示したデータである。1999年末から2000年の間に約80cm低下し，2004年以降はさらに120cmの速度で低下していった。湖面水位の低下につれて湖岸線が沖に向かって後退し，その結果，湖岸に設置された遊覧船用の埠頭が毎年沖に向かって前進したため，遊覧船の切符売り場も100m近く前進する形となった。

　紅碱淖の湖面面積の縮小および水位の低下は，さまざまな弊害をもたらしている。

　まずは水質の悪化の問題である。紅碱淖は1980年代，水利部によって砂漠の重大淡水湖として認定されたが，現在は水位の低下によって湖本来の自浄能力が低下し，水質の悪化が懸念されている。現段階ではpH数値が7.4〜7.8のレベルから9.0〜9.42の水準へと悪化の傾向にあり，これは正常値とされる6.5〜8.5の数値を上回る数値である。今後も水位の低下が続ければ，さらに悪化する恐れがある。この数値はすでに魚介類が生息可能な限界値を超えている。それと同時に，湖水の塩分含有濃度も10〜12‰に達しており，この数値は青海湖の12‰の塩分濃度に相当するレベルである。夏と秋には真っ白な花が咲いたように塩分が浜辺一面を飾る風景をみることができる。

　次に，湿地の生物多様性の危機である。1970年代の紅碱淖の魚介類の漁獲量は，最も多い時で年間3万t以上もあった。しかし，2004年から2010年の間に年間数千tに減少した。これは湖岸周辺の砂地に生息する砂地植物や動物の生息環境に悪影響を与え，生物の種類と個体数がともに減少する一途にある。紅碱淖で初めて遺鴎が発見されたのは2000年の9月から10月の間で，楡林市林業科学技術者によって発見された。発見当時は4羽の遺体が見つかったが，そのうちの2羽に内モンゴル自治区オルトス市泊尓江海子で取り付けたと推測される追跡番号札

表 10.3　2001 〜 05 年における紅碱淖遺鴎の繁殖数

年度	個体数（羽）			巣の数（個）							
	合計	繁殖個体数	非繁殖個体数	巣の数	1 卵	2 卵	3 卵	4 卵	卵の総数	巣の平均卵数	孵化率（％）
2001	212	174	38	87	5	64	15	3	190	2.18	81
2002	551	462	89	31	11	170	42	8	509	2.20	86
2003	4,012	3,392	620	1,696	22	792	858	4	4,276	2.52	98
2004	5,748	4,818	930	2,409	61	1,045	1,267	36	6,096	2.53	95
2005	6,100	4,920	1,180	2,460	72	962	1,371	55	6,329	2.57	93

出所：データは陝西省治沙弁公室の漆喜林氏によって提供された。

がついていた。番号札の日付は 2000 年 6 月だったため，本来の生息地とされた内モンゴル自治区オルトス市泊尓江海子の生態系の何らかの異変によって紅碱淖に飛来したものと推測された。それ以来，紅碱淖に飛来する遺鴎の個体数は年々増加し，多い時には数万羽の群れが訪れ，子育てと盛夏を凌ぐ年もあった。表 10.3 は，2001 年から 2005 年の間に確認された紅碱淖における遺鴎の繁殖数のデータである。

　湖面水位の低下は，島の数を減少させ，鳥類などの生息環境の破壊につながりかねない。現在の紅碱淖は，絶滅危惧種である遺鴎の世界最大の繁殖地となっており，2011 年には 1.5 万羽が確認され，世界生息数の約 95％以上を占める。これは，紅碱淖の島々の独特の生態環境が遺鴎の繁殖環境に最も適することを意味し，水深が深いほど鳥類の生息環境としては安全とされる。しかし，島の数や面積が減少し続け，かつての島々が消失したり湖岸の陸地とつながったりする環境変化によって，遺鴎の最適な生息環境は失われつつある。近い将来には，さらに湖の北の繁殖地を求めて飛び去るしかない。遺鴎の繁殖行動や生息条件などに関する情報は未だに科学的に把握されていないため，今後の保護活動ではさまざまな困難が予想される。紅碱淖の水位低下の問題は，遺鴎以外にも，類似した生息習性をもつコクチョウやハクチョウなど 80 種類以上の生物にも深刻な影響を及ぼすことになる。

第 10 章　小流域開発問題と社会的共通資本

10.4 紅碱淖湿地の水域減少の要因

　紅碱淖の水源補給については三つの方面から考察することができる。尹立河ら（2008）は，データ不足のため2000年以前の分析については不確実性があるとしながらも，2000年以降のデータに基づき紅碱淖の湖面縮小の要因について次のように分析した。

　まずは，地表水による水源補給機能について指摘した。紅碱淖流域の7つの支流は，季節的な特徴をもちながら湖の水源補給の役割を果たしているが，その南西部にある七卜素河，馬連河，東葫芦河は近年の灌漑農業による取水量の増加によって，湖への流入量が減少した。その上，内モンゴル自治区を流れる扎莎克河と松道溝河はそれぞれダムの建設を行ったため，紅碱淖への地表水の流入量が著しく減ることになった。特に扎莎克河は七つの支流の中で最も大きい川であるが，建設された営盤河ダムによって河川が完全に遮断され干上がってしまうという結果となった。1991年の地表水流入データをもとに計算した結果，このようなダム建設による水路の遮断や灌漑農業による取水によって，少なくとも$1000 \times 10^3 \text{m}^3$の補給量が減少したことが判明した。

　さらに尹らは，その次の補給源として地下水の補給機能について指摘した。彼らは，紅碱淖の湖面縮小は，1990年代に流域内で行われた大規模な農地開発によって，地下水の利用量が大幅に増加したことに起因すると指摘した。内モンゴル自治区の爾林兎鎮を例にみると，1995年の灌漑農地の面積が1万2600ムーだったのに対して，2003年は2万5800ムーに増加し，毎年$369.6 \times 10^3 \text{m}^3$の水消費量が必要となり，それを大規模な地下水の採取によって賄ったため，地下水位が低下し，湖への補給能力が低下したと推測した。実地観測によって，湖周辺の潜在水位は最大限で3mも下がり，平均1mは低下したと結論付けた。

　三つ目は，気象条件の変化に起因するものと分析した。尹らは，2000

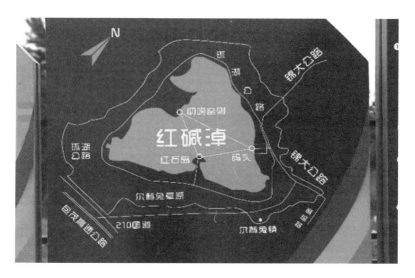

図 10.3　紅碱淖を取り巻く周囲道路網
出所：陝西省林業庁治砂弁公室・漆喜林氏提供，2012 年 9 月 7 日現地撮影。

年以降の毎月の降雨量と蒸発量の平均値をもとに，降雨量が増加するにつれて湖の水面面積が減少するという法則を見出した。これは 1991 年以前の数値とは相反する傾向となるが，雨季（7～9 月）の降雨量が増加しても地表水が遮断されたため，降雨量の増加が湖の水源補給にそれほど寄与しないことが判明した。他方で湖面面積と蒸発量の関係では，3 月から 9 月の蒸発量の増加にしたがって湖面面積が減少し，9 月以降に蒸発量が減少するに伴って湖面面積が徐々に回復する傾向をみせたと結論付けた。このように蒸発量の増加は長年にわたり湖面面積が減少し続ける最も直接的な要因であった。

このほかの要因として，湖周辺の道路建設も湖の水源補給能力に不利に働いたと考えられる。図 10.3 は，紅碱淖周辺の道路建設の現状を示したものである。湖周辺の発達した環状道路網は，周辺陸地から湖への雨水の流入を妨げる。国道 109 号線と 210 号線だけが走行して，道路の本数が少なかった時期には，湖周辺の地表の流入に対してそれほど大き

第 10 章　小流域開発問題と社会的共通資本

な影響がみられなかった。しかし、陝西省と内モンゴル自治区の間で湖をめぐる所有権と利用権の争いが激しくなるにつれて、陝西省神木県は2003年に湖岸環状道路を建設した。そのため、大量の雨水が水溜まりを形成し、道路の向こう側の湖にスムーズに流入しないという現象がみられ始めた。その後、高速道路や省級道路および地方の道路が次々と建設され、湖周辺の自然環境をさらに悪化させた。

10.5　湖の土地所有権と利用権をめぐる地域間の対立

　紅碱淖は陝西省と内モンゴル自治区の境界に立地するため、権限をめぐる両者の争いは湖の湖面面積の減少などの生態環境の変化に直接的な影響を及ぼした。この地域のモンゴル族は古くから遊牧生活を営み、漢民族は農耕中心の暮らしをしてきた。そのため、古くから二つの民族の間には土地の交易が行われ、漢民族は紅碱淖周辺の土地を買い取り、何世代にもわたって農業を営んできた。当時の湖も湖周辺の土地もそれほど高い経済的な価値がなかったため、どちらにも湖の所有権を強く主張する者はいなかった。

　しかし、経済発展に伴って水資源の重要性がクローズアップされる中で、両者間の衝突は次第にエスカレートしていった。モンゴル族の住民は「土地は売ったが、湖を売った覚えはない」と主張し、漢民族の住民は「湖周辺の土地を購入したのだから、自ずと湖の所有権も含まれる」と主張した。1950年代には、民族間の衝突を避けるために、内モンゴル自治区の伊旗河が湖の北側に漁場を建設しモンゴル族が漁業に従事することで和解がなされた。しかし、2001年の国務院第49号の通達は、両者間の軋轢をさらに激化するきっかけとなった。この通達は、内モンゴル自治区伊金霍洛旗および陝西省神木県の紅碱淖流域の行政区域間の境界線を規定する内容だったが、本来陝西省神木県に属する紅碱淖流域の一部を内モンゴル自治区伊金霍洛旗の属地として認めた。それと同時

に，通達書では「行政区画の境界線を定めた後も，二つの行政区をまたがって日常生活を営む村民の行政管理および双方の土地管理，林地管理などについては，双方の従来の慣習に基づき行う」と規定した。

文面からすると，この規定は両者間の資源の利用権限を規定したものであり，属地の境界線を規定するものではない。陝西省神木県側は争点となる土地の属地関係を内モンゴル側に認めるだけで，行政管理権限と土地などの利用権限は依然として陝西省に帰属すると解釈した。それに対して，内モンゴル自治区の伊金霍洛旗側はこの規定に従い，神木県の管轄に属された五つの村の1300以上の世帯，5000人以上の住民が所有する土地と林地および草原を伊金霍洛旗側に渡すべきと主張した。

この規定による争点は，紅碱淖の湖面面積の6分の1の利用権限を認めることよりは，むしろその周辺土地の帰属性と利用権の問題だった。水資源は国の所有であるため，双方の話し合いはそれほど難しくなかった。土地は周辺の農家がすでに請負った農地だったにもかかわらず，地元の神木県の農家と伊金霍洛旗の住民の間に合意形成ができたため，それもそれほどの問題にならなかった。実質上の争点は紅碱淖の観光開発の権限にあった。それまでは観光産業の発展に対して興味を示さなかった伊金霍洛旗が，近年の観光産業の潜在性に注目し始め，開発権限をめぐる両者間の対立が深まったのである。その結果，紅碱淖の自然資源は権限争いの場としてしかみられなくなり，双方からの保全政策は疎かにされた。双方による権限の争いは，湿地保全に関する規制政策や総合開発計画を生み出すことなく，無秩序な競争心理を助長させ，開発プロジェクトの許可や個人による乱開発行為を招いた。その結果，流域全体の破壊型の開発問題の多発と生態環境の無視が深刻になった。

10.6　炭鉱開発事業による潜在的な危機

紅碱淖の周辺は石炭埋蔵量が豊富な地域であるため，古くから炭鉱開

発産業で栄えてきた。炭鉱開発は，環境汚染のほか，地下水脈の破壊などを招来するため，湖周辺における大規模の開発は水源補給能力に影響を与え，湖の生態環境の破壊に拍車をかけることになる。

　2010年8月，国家発展改革委員会は内モンゴル自治区オルトス市の新街鉱区の開発計画を批准した。この計画によれば，鉱区の規模は南北68km，東西54kmで，総面積2189k㎡に達する。その中に，紅碱淖の約4分の1が鉱区に入ることになる。鉱区の総埋蔵量は239億tであり，全部合わせて五つの開発区と二つの調査区，および一つの備蓄区，四つの保護区，一つの予備開発区と区分されており，年間採掘量は4900万tの規模に及ぶ。

　紅碱淖の生態系がもつ希少性を考えると，国家級の湿地保護区を設置し，国の調整機能によって両地域間の対立を緩和させることが望ましい。これ以上の破壊を阻止するためには，国の環境アセスメントの制度を活用し，紅碱淖湿地に対する科学的な評価をもとに，現在オルトス市および神木県の流域すべての炭鉱開発計画を中断させ，総合計画や積極的な保全政策および開発を制限する具体的な政策を早急に打ち出すことが不可欠と考えられる。

　また両者間の紛争解決メカニズムを早急に構築することが不可欠である。土地の公有制を前提とする中国において，共有資源管理のウィン・ウィンルールをいかに見出すべきか，これは今後の中国の流域問題を解決する上で重要なキーワードとなる。

　紅碱淖の事例のように，国の調整機能ではなく，地方自らの調整能力に委ねる水資源配分ルールや利用権限，開発権限をめぐる紛争は，近年多発する傾向にある。発展権利の喪失費用の補償や生態費用の分担ルールおよび生態環境の保全によ生存環境権の改善などを含む中国的なコモンズの共同管理ルールを，今後のさらなる事例研究と理論的研究を通じて構築していく必要がある。

おわりに

　中国では現在，紅碱淖のような小さな流域や湖沼が急速に姿を消している。その理由はさまざまである。開発を優先する国や地方の産業政策によって，工業団地などの造成に伴って埋め立てられるケースがある。国や地方の自然保護区に指定されるか，特別な法的措置によって保護される湖沼以外については，湖沼や湿地の埋立や開発に関する明確な法規定や環境基準が存在しない。環境アセスメント制度は重要な開発事業を対象としていることから，それ以外の開発事業に規制がないのが現状である。中国の環境政策および環境行財政システム全般において，このような小流域の自然資源を地域共同資源または地域固有の自然資源としてみる認識が定着していない。宇沢弘文が社会的共通資本論で指摘しているように，自然資源を，社会資本や制度資本として認識する傾向が強く，自然資本としての認識を社会全体が共有できていないのが現状である。土地の所有制と緊密に関係する湖沼の利用管理権限は，オープンアクセス権限をもつ構成員または権限者の間で，むしろ資源の占有や開発権限を争う対象にほかならない。紅碱淖の悲劇は，まさに二つの地域の利益が衝突する中で，利害関係者間の利益調整メカニズムを構築することができず，水資源を上流が占有し，国も有効な利益調整手段をもたない結果，生じたものである。

　今後の環境行財政システムの役割が，マクロ政策の調整機能から地域を単位とするミクロ政策の調整機能が求められる代表的な事例である。

参考文献

安樹民・張世秋・王仲成「環境保護投資と環境保護産業の発展について」王金南・
　　葛察忠・楊金田主編『環境保護投融資戦略』中国環境科学出版社，2003 年，
　　146-152 頁

石崎涼子「森林政策における政府間財政関係」諸富徹・沼尾波子編『水と森の
　　財政学』日本経済評論社，2012 年，17-42 頁

尹立河・張茂省・董佳秋「GPS 観測に基づく毛烏素砂漠の紅鹸淖（ホンジェン
　　ノル）面積の変化の傾向とその影響因子に関する分析」『地質通報』第 27
　　巻第 8 期，2008 年 8 月，1151-1156 頁

Ueta Kazuhiro, Dilemmas in pollution control policy in contemporary china,
　　Kyoto University Economic Review, vol. 58, No2, 1988, pp.51-68

植田和弘「工業化と環境問題」中国研究所編『中国の環境問題』（中研叢書），
　　新評社，1995 年，13-16 頁

植田和弘「公共部門の役割と経費」重森暁・鶴田廣己・植田和弘編『Basic 現
　　代財政学』有斐閣，1998 年，45-61 頁

植田和弘「環境政策と行財政システム」寺西俊一・石弘光編『環境保全と公共
　　政策』岩波書店，2002 年，93-122 頁

植田和弘・何彦旻「排汚収費制度の到達点と課題」森晶寿・植田和弘・山本裕
　　美編『中国の環境政策——現状分析・定量評価・環境円借款』京都大学学
　　術出版会，2008 年，143-188 頁

植田和弘・李秀澈・陳禮俊・金紅実「東アジアの環境政策と環境財政」森晶寿編『東
　　アジアの経済発展と環境政策』ミネルヴァ書房，2009 年，148-175 頁

宇沢弘文「社会的共通資本の概念」宇沢弘文・茂木愛一郎編『社会的共通資本
　　——コモンズと都市』東京大学出版会，1998 年，15-45 頁

内山昭「マスグレイブの財政学から何を学ぶか——財政 3 機能の検討を中心に」
　　『立命館経済学』第 57 巻第 2 号，2008 年，195-215 頁

エコノミー，エリサベス『中国環境リポート』片岡夏実訳，築地書館，2005 年

王金南他「環境保護投資体制改革に関する幾つかの提案」王金南等編『中国環
　　境年鑑 1994 年』中国環境年鑑社，1994 年，70-73 頁

王金南『排汚収費理論学』中国環境科学出版社，1997 年

王金南・葛察忠・高樹婷「市場経済下の環境保護投資メカニズムの初歩的分析」

王金南・葛察忠・楊金田主編『環境投融資戦略』中国環境科学出版社, 2003 年, 1-10 頁

汪勁「中国環境法執行の強化とその改革の課題」北川秀樹編『中国の環境法政策とガバナンス——執行の現状の課題』晃洋書房, 2010 年, 39-55 頁

王朝才・金紅実「中国政府間財政移転制度における生態補償制度の試み」『龍谷大学政策学論集』第 2 巻第 1 号, 2013 年, 35-45 頁

王夢奎「中国中長期発展の重要課題（2006 ～ 2020)」（英文）, *Key Issues in China' Development*, 中国発展出版社, 2005 年, 368 ～ 370 頁

岡田章「エリノア・オストロム教授のノーベル経済学賞受賞の意義」2009 年, http://www.econ.hitu.ac.jp/~aokada/kakengame/Dr.Elinor%20Ostrom_Nobel%20Prize%20in%20Economics.pdf#search='%E3%82%AA%E3%82%B9%E3%83%88%E3%83%AD%E3%83%A0+%E3%82%B3%E3%83%A2%E3%83%B3%E3%82%BA' (2013 年 3 月 30 日閲覧)

解振華編『中国環境法執行全書』赤旗出版社, 1997 年

片桐正俊編『財政学——転換期の日本財政』第 2 版, 東洋経済新報社, 2007 年

勝原健「韓国・中国の環境問題の特徴と環境管理システム, 政策手法」勝原健著『東アジアの開発と環境問題——日本の地方都市の経験と新たな挑戦』勁草書房, 2001 年, 78-108 頁

加藤弘之「経済発展と市場移行」加藤弘之・上原慶一編『中国経済論』ミネルヴァ書房, 2004 年, 72 頁

神野直彦「中国の環境財政」井村秀文・勝原健編『中国の環境問題』東洋経済新報社, 1995 年, 75-96 頁

環境保護部『国家環境保護〈11・5〉計画』中国環境科学出版社, 2008 年

北川秀樹『中国の環境問題と法・政策——東アジアの持続可能な発展に向けて』法律文化社, 2008 年

京津風砂源対策プロジェクト第 2 期計画策定研究チーム「京津風砂源対策プロジェクト第 1 期がもたらした便益」同研究チーム編『京津風砂源対策プロジェクト第 2 期計画策定研究』中国林業出版社, 2013 年, 1-50 頁

曲格平『中国環境問題と対策』中国環境科学出版社, 1989 年

曲格平「中国の環境保護投資政策について（序章の代わりに)」張坤民主編『中国環境保護投資報告』清華大学出版社, 1992 年, 1-18 頁

曲格平「中国生態安全への注目」曲格平著『曲格平文集 12』中国環境科学出版社, 2007 年, 21-22 頁

金紅実「中国固体廃棄物の公共的管理システム」京都大学大学院経済学研究科修士論文, 2002 年

金紅実・植田和弘「中国の環境政策と汚染者負担原則」『上海センター年報
　　東アジア経済研究 2006』京都大学大学院経済学研究科付属上海センター，
　　2006 年 3 月，55-65 頁

金紅実「中国における環境保護投資とその財源」森晶寿・植田和弘・山本裕美
　　編『中国環境政策——現状分析・定量評価・環境円借款』京都大学学術出
　　版会，2008 年，121-141 頁

金紅実（a）「中国環境行財政システムの発展と環境予算」『龍谷政策学論集』第
　　1 巻第 1 号（創刊号），2011 年 12 月，63-71 頁

金紅実（b）「中国の生態保全事業と環境財政——造林事業を中心に」北川秀樹
　　編『中国の環境法政策とガバナンス』晃洋書房，2011 年，145-161 頁

金紅実・張忠任・劉燦「中国生態公益林補償制度における政府間財政関係」『総
　　合政策論叢』第 26 号，2013 年 8 月，13-26 頁

金田主編『環境投融資戦略』中国環境科学出版社，2003 年

江西省遂川県林業志編纂委員会『遂川県林業志 1995 ～ 2006』江西省人民出版社，
　　2007 年

国合会生態補償メカニズム研究チーム「中国生態補償メカニズムと政策研究」
　　2006 年，http://www.cciced.org/cn/company/tmxxb143/card143.asp?tmid
　　=4109&lmid=5238&siteid=1（2007 年 7 月 2 日閲覧）

国務院「科学的発展観の一層の普及を図り，環境保護政策を強化するための
　　国務院の決定」2005 年，http://www.sepa.gov.cn/law/fg/gwyw/200512/
　　t20051214_72536.htm（2007 年 7 月 2 日閲覧）

呉敬璉『中国の市場経済——社会主義理論の再建』凌星光・陳寛・中屋信彦訳，
　　サイマル出版社，1995 年

胡洪曙・金紅実・張忠任「中国の財政支出構造変革における課題と要因——民
　　生重視の視点から」『龍谷政策学論集』第 3 巻第 1 号，2013 年，1-25 頁

小島麗逸「環境政策史」小島麗逸編『現代中国の構造変動　第 6 巻　環境——
　　成長への制約となるのか』東京大学出版会，2000 年，14 頁

小島麗逸・藤崎成昭編『環境と開発——アジアの経験』アジア研究所，1993 年

国家環境保護総局「国務院の国民経済調整時期における環境保護政策の強化に
　　関する決定」『中国環境保護法規全書（1982 ～ 1997）』中国環境科学出版社，
　　1997 年，61 頁，84-86 頁

国家環境保護総局企画財務司編『国家環境保護〈10・5〉計画読本』中国環境科
　　学出版社，2002 年

国家環境保護総局政策法規司編『中国環境保護法規全書（1982 ～ 1997）』化学
　　工業出版社，1997 年

国家林業局編『中国林業年鑑』1990 〜 2012 年の各年度版，中国林業出版社

国家林業局『三北防護林システムの 30 年間の建設（1978 〜 2008)』中国林業出版社，2008 年

国家林業局経済発展研究中心『国家林業重点プロジェクトの社会的経済的便益に関するモニタリング報告 2008』中国林業出版社，2008 年

国家林業重点プロジェクト社会経済効果モニタリングセンター『国家林業重点プロジェクトの社会的経済的効果に関するモニタリング報告 2004』中国林業出版社，2004 年

桜井次郎「中国汚染課徴金制度の仕組みとその運用」名古屋大学大学院国際開発研究科博士論文，2005 年

財政部予算司『中央部門予算編成指南』中国財政経済出版社，2007 年

重森暁「人間発達の財政学を求めて——マスグレイブ 3 機能説の再検討」日本財政学会編『財政再建と税制改革』有斐閣，2008 年，43-53 頁

重森暁「現代地方自治と地方財政」重森暁・植田和弘『Basic 地方財政論』有斐閣，2013 年，1-20 頁

謝旭人編『中国林業発展 50 年』中国林業出版社，2000 年

謝旭人『中国財政改革 30 年』中国財政科学出版社，2008 年

周健「2005 年全国環境保護企画会議での講話」2005 年，www.caep.org.cn/uploadfile/11-5/5.doc（2006 年 6 月 20 日閲覧）

従樹海『財政支出学』中国人民大学出版社，2002 年

菅豊「中国の伝統的コモンズの現代的含意」室田武編『グローバル時代のローカル・コモンズ』ミネルヴァ書房，2009 年，215-236 頁

全国環境保護 11·5 計画編集委員会『全国環境保護〈11·5〉計画編集』紅旗出版社，2008 年

曹東・王金南「中国環境保護における投融資状況の分析」王金南等編『環境投融資戦略』中国環境科学出版社，2003 年，35-37 頁

曾培炎『西部大開発の意思決定の回顧』中共党史出版社，2010 年

竹歳一紀『中国の環境政策——制度と実効性』晃洋書店，2005 年

陳工・袁星侯『財政支出管理と便益評価』中国財政経済出版社，2007 年

陳国平『浙江省を透視する——市場化と政府改革』中国中央党校出版社，2007 年

中国環境年鑑編集委員会編『中国環境年鑑 1995』中国環境年鑑社，1995 年

中国環境年鑑編集委員会編『中国環境年鑑 1996』中国環境年鑑社，1996 年

中国財政部予算司『中央部門予算編成指南』中国財政経済出版社，2007 年

張坤民主編『中国環境保護投資報告』精華大学出版社，1992 年

張坤民主編『中国環境保護行政 20 年』中国環境科学出版社，1994 年

張坤民『中国持続可能な発展の政策と行動』中国環境科学出版社，2004 年

張坤民「現代中国の環境保護政策」森晶寿・植田和弘・山本裕美編『中国の環境政策――現状分析・定量評価・環境円借款』京都大学学術出版会，2008 年，183-208 頁

張忠任『現代中国の政府間財政関係』御茶の水書房，2001 年

張力軍編『環境統計概論』中国環境科学出版社，2001 年

都留重人『公害の政治経済学』岩波書店，1972 年

都留重人「PPP のねらいと問題点」『公害研究』第 3 巻第 1 号，1973 年，1-5 頁

唐朱昌主編『新編公共財政学―理論と実践』復旦大学出版社，2005 年

鄧子基編『財政学』中国人民大学出版社，2001 年

内藤二郎『中国の政府間財政関係の実態と対応――1980 ～ 90 年代の総括』日本図書センター，2004 年

永井進「OECD における汚染者費用負担原則の議論について」『公害研究資料（18） PPP（汚染者負担の原則）の学際的研究』財団法人統計研究会，1973 年，5-23 頁

西澤栄一郎「アメリカの保全休耕プログラム」『レビュー』No.1，農林水産政策研究所，2001 年，28-37 頁，http://www.maff.go.jp/primaff/koho/seika/review/pdf/primaffreview2001-1-7.pdf（2015 年 12 月 10 日閲覧）

潘迎珍『三北防護林体系の建設――第 5 期プロジェクトに関する重大問題の研究』中国林業出版社，2010 年

馬中・Daniel Dudek『総量規制與排汚権交易』中国環境科学出版社，1999 年

平野孝『中国の環境と環境紛争――環境法・環境行政・環境紛争の日中比較』日本評論社，2005 年

包茂紅「社会転換の中の中国環境 NGO」包茂紅著『中国の環境ガバナンスと東北アジアの環境協力』北川秀樹監訳，はる書房，2009 年，87-110 頁

包麗萍・劉明慧・賀蕊莉編『政府予算』東北財経大学出版社，2000 年

Musgrave, Richard Abel and Peggy B. Musgrave, *Public Finance in Theory and Practice*, New York, McGraw-Hill, 1976

マスグレイブ，リチャード・A『財政理論――公共経済の研究 I』木下和夫監修，大阪大学財政研究会訳，有斐閣，1979 年

マスグレイブ『財政学――理論・制度・政治 I』木下和夫監修，大阪大学財政研究会訳，有斐閣，1983 年

松岡俊二・朽木昭文『アジアにおける社会的環境管理能力の形成――ヨハネスブルグ・サミット後の日本の環境 ODA 政策』アジア経済研究所，2003 年

室田武編『グローバル時代のローカル・コモンズ』ミネルヴァ書房，2009 年

森晶寿「環境円借款が中国の環境政策及び制度発展に果たした役割」京都大学
　大学院経済学研究科国際協力銀行受託研究『中国環境借款貢献度評価に係
　る調査——中国環境改善への支援（大気，水)』2005 年
山本信次「森林ボランティア活動に見る環境ガバナンス」室田武編『グローバ
　ル時代のローカル・コモンズ』ミネルヴァ書房，2009 年，101-123 頁
余勝祥「中国における企業システムの転換」上原慶一編『躍動する中国と回復
　するロシア』高菅出版，2005 年，25 頁
藍文芸『環境行政管理学』中国環境科学出版社，2004 年
李志東『中国の環境保護システム』東洋経済新報社　1999 年
李秀澈「日韓の環境政策と環境行財政制度——両国の新しい環境行財政ガバナ
　ンス構築のための課題」『名城論叢』第 10 巻第 1 号，2009 年 6 月，85-102 頁
梁秀山「中国の排出課徴金制度の経済分析」『政策科学』第 8 巻第 2 号，2001 年，
　169-184 頁
陸新元『排汚収費概論』環境科学出版社，2004 年
駱暁強「中国の財政統計——概説と展望」京都大学 21 世紀 COE プログラ
　ム先端経済分析のインターフェイス拠点形成主催『日中経済統計専門
　家会議』での講演内容，2005 年，http://www.kier.kyoto-u.ac.jp/coe21/
　symposium/2004/JCpdf/J08.pdf（2007 年 6 月 10 日閲覧）
渡辺利夫『社会主義市場経済の中国』講談社現代新書，1994 年

索　引

あ行

新しい財政資金形態……………… 121

圧縮型の特徴……………… 26

アメニティ保全政策……………… 34

アメリカの保全休耕プログラム…… 107

遺鴎……………… 185

育林固定資産投資……………… 120

育林事業の投資比率………………120

移行期経済体制……………… 103

移行期経済の市場環境……………… 84

移行期公共財政……………… 124

一律伐採禁止の規定……………… 145

一定の経済基盤……………… 26

一定の割合……………… 137

一般財源化……………… 92

一般予算化……………… 14

一般予算内資金……………… 22

雨水の流入……………… 187

内モンゴル自治区伊金霍洛旗……… 188

OECD の PPP ……………… 66

汚染企業の費用負担……………… 25

汚染源コントロール費用………… 67

汚染源対策費……………… 24

汚染源のモニタリング事業………… 21

汚染者の責任所在や責任範囲……… 77

汚染者負担原則……………… 25, 65

汚染対策の責任……………… 25

汚染対策費……………… 92

汚染対策費用の実質的な負担者…… 69

汚染排出企業の自律性……………… 97

汚染排出権許可証……………… 23

汚染排出行為への監視監督の役割… 98

汚染防除責任の隠蔽体質…………… 72

オルトス高原……………… 180

か行

下位政府……………… 87

開発財政……………… 5, 11

開発した者が保護し，破壊した者が回復
　し，利用した者が補償する …… 76

開発政策から保全政策へ………… 154

外部不経済……………… 65

学術的位置づけ……………… 32

過小利用……………… 178

活着率……………… 169

過渡期の計画的商品経済………… 115

過渡期の財政移転制度………… 135

過度な開発……………… 171

過度な放牧と伐採……………… 172

貨幣的な規模と投資範囲………… 51

灌漑農業……………… 183

灌漑農地の面積……………… 186

環境アセスメント……………… 191

環境汚染	190	環境保護資金チャネル	71
——削減	51	環境保護事務	88
——対策費用の負担原則	65	環境保護投資	51
環境関連支出	4	——水準	60
環境教育	31	——総額	59
環境行財政システム	2, 3, 7, 8, 11, 16	——の財源	60
——の役割	191	——の算定範疇	56
環境行政	8, 15, 19, 23	——目標	50
——システム	51	環境保護法	34
——能力の不備	82	環境保護補助資金	78
——の組織予算の実態	45	環境保全	2, 11
——の能力投入	97	環境問題	1, 2, 144
——不服審議法	97	環境予算	11, 16, 17, 19, 27
——予算	44	——制度	23
環境経済学	1	観光産業の潜在性	189
環境財政	4, 7, 8, 11, 27, 31, 103	監視測定・公害行政などの間接費用	67
——の概念	5, 32	環状道路網	187
——の多面的な支援機能	34	官製環境 NGO	35
環境裁判	98	乾燥半乾燥地域	154, 169
環境事業資金運用システム	16	環北京地区防砂治砂事業計画	170
環境事務	13, 21	漢民族	188
環境制御措置	3	企業間の不公平性	81
環境政策計画	6, 13, 16	企業所有制の違い	66
環境政策の位置づけ	91	企業内部からの汚染対策費用の調達	70
環境統計	6, 20	企業の基本建設事業の建設計画	74
——体系	52	企業の経営責任	25
環境投資	6	企業の投資責任範囲	73
環境破壊	31	企業部門の経常支出項目	54
環境被害補償	68	企業部門の資本支出項目	54
環境法政策	3	企業や業界団体の自律性	98
環境法体系	51	期限付除去責任政策	73
環境保護5項目制度	58	技術改造資金	71

技術的な制約	15	計画の失敗	1, 2, 3, 83
気象条件の変化	186	経済開発資金計画	60
既存汚染源	42	経済開発の初期段階	26, 134
機能面の拡充	135	経済開放改革政策	36
義務教育	174	経済政策の自主権限	132
急速な経済発展	177	経済政策部門の政策的不作為	91
行政経費	38	経済体制の相違性	72
——の一般財源化	93	経済的，資金的側面の制約	134
行政的な地位	14	経済的な損失	124, 130
共同管理	180	経済的な補償制度	142
——ルール	190	経済の高度成長	62
共同資源管理	179	経済優先主義	8
共同利用	180	経済林	106, 131
共有資源	178	傾斜地	159
——管理	190	京津風砂源対策プロジェクト	170
共有地	178	経費	5
緊急性と優先度	26, 52	——の効率性	97
国主導	125	下水サービス	58
国の委託事務	131	原因者	52
国の経済成長路線	80	県級以上の汚染対策	46
国の財政難	15	県級湿地保護区	182
国の政策執行機関	20	現金補助制度	160
国の調整機能	190	現代企業制度	24
国の特定事業	22	降雨量	169
黒字経営	109	——と蒸発量	187
経営的な機能	8	——の増加	187
計画	86	公益性	107
計画経済体制	57, 68, 81	公益林	106
計画単列市	93	——経営者	124
計画的手段	74	——保険制度	106
計画的な資源配分システム	179	公害対策	31
計画的な配分機能	29	黄河の断流現象	179

郷級環境行政	46	国有林	109, 129
——機能の人員配置	46	——改革	109
工業汚染源	42	国家1級保護動物	180
公共財	94, 104	国家環境保護五ヵ年計画	12, 15, 18
公共財政	44	国家機能	86
——制度	86	国家経済社会発展五ヵ年計画	6, 15, 17
——的機能	26	国家公益林	114, 139
公共支出	105	——区画	122
——への資金依存度	119	——認定弁法	139
公共的領域	3	国家財政	6
公共福祉の最大化	120	——資金の潤沢な拡大	152
公共部門	5	——収入	116
——の役割	5	——制度	86
高原内陸型の淡水湖	180	——の比重	117
公的医療制度	174	国家重点公益林の補償基準	142
公的年金制度	174	国家重点防護林	139
後発	14	国家重要湿地自然保護区目録	182
公務員の定員定額基準	95	国家生態公益林の申請批准手続き	142
公有林	129	国家2級保護動物	180
小型水利施設の建設	170	国家発展改革委員会	28
国営企業の経営資金	57	国家分配論	87
国際政治学	3	国家予算内資金	78
国債発行資金によるインフラ事業	162	国家林業局の組織予算	112
国内の木材需要	147	国家六大林業重点プロジェクト	110
国民福祉	144	異なる所有制	81
国民への説明責任	36	湖北省湖沼保全条例	177
国有化	179	湖面面積と蒸発量	187
国有企業	31, 54	湖面面積の縮小	184
——会計	80	コモンズの悲劇	178
——の経営自主権	69	固有種	180
——への赤字補填	80	固有林場の構造改革	160
国有資産管理委員会	80	混合型経済体制	7

さ行

サービスの標準化………………………… 94
財源管理権限の分散管理システム… 90
財源調達のルート………………………… 11
財源の多様化……………………… 24, 25, 62
財源配分と事務負担……………………… 85
財源保障…………………………………… 88
財政機能…………………… 7, 24, 29, 44
　——の転換……………………………… 7
財政資金の管理権限……………………… 90
財政資金の効率性………………………… 28
財政資金の単一的な資金源…………… 62
財政資金の調達ルート…………………… 32
財政資金の透明度………………………… 36
財政資金の割合…………………………… 57
財政資源の蓄積………………………… 134
財政資源配分の手続き………………… 27
財政支出項目……………………………… 37
財政支出と非財政支出………………… 20
財政収入………………………………… 110
財政制度改革…………………… 36, 135
財政的・人事的側面の不利な条件… 49
財政統計…………………………………… 20
財政の資金規模………………………… 156
財政部……………………………………… 28
財政予決算報告書……………………… 37
財政予算の執行システム……………… 32
財政連邦主義…………………………… 86
最大の汚染排出者……………………… 68
最優先課題……………………………… 174
砂塵暴…………………………………… 170

砂漠化…………………………………… 132
　——土地の分布状況………………… 170
砂漠湖…………………………………… 180
砂漠淡水湖……………………………… 180
山間地域の民生保障…………………… 113
三機能説…………………………………… 4
産業公害政策…………………………… 34
産業部門………………………………… 55
三線建設事業…………………………… 161
暫定的な措置…………………………… 47
算定の過大評価の問題と過小評価の問題
　…………………………………………… 62
三同時建設プロジェクト……………… 57
三廃総合利用の利潤留保政策……… 73
三北防護林建設……………… 127, 164
事業経費………………………………… 38
資金移転………………………………… 112
資金源の多元化………………………… 72
資金達成率……………………………… 162
資金配分計画…………………………… 16
資源の不足……………………………… 132
資源の利用権限………………………… 189
自主調達資金の比率…………………… 118
自主統治………………………………… 178
市場機能………………… 2, 3, 86, 104
市場競争のプレッシャー……………… 108
市場経済下の私企業…………………… 68
市場経済の浸透と発展………………… 52
市場経済の発展傾向に合致する措置… 82
市場の失敗………………… 1, 2, 3, 104
市場の資源配分機能…………………… 178
　——の失敗…………………………… 132

索　引　203

自然環境保全政策	34	私有権の概念	68
自然災害への脆弱性	108	重工業偏重の産業構造	56
自然資源の管理	178	十大林業生態環境保全事業	27
自然植生の自己修復能力	171	集団所有林	131
持続可能性	152	集団組織	115
実質上の経済的な補償効果	149	集団林権制度改革	108
実質的な経営者	31	集団林権制度の改革経費	113, 114
湿地保全事業	27, 133	集中暖房供給ライン	58
私的企業	55	修復可能な砂漠化土地	169
市の廃棄物予算	59	修復可能な土地面積の算出	172
司法制度	96	周辺土地の帰属性と利用権	189
資本主義市場経済	1, 2, 3	住民の義務植樹労働	168
島の数	185	私有林	129
事務経費の財源の調達	91	受益者	52
事務権限	13	——構成	112
事務指令システム	91	——負担原則	58
地元の産業	184	順次交付	112
社会安定化	160	上位政府	87
社会資源	125	——の財政	161
社会資本の投融資システム	59	小規模森林経営方式	108
社会主義市場経済	1, 2, 7, 115	省級以下の地方財政	136
——理論	7	省級財政	136
社会主義物質文明	19	省級生態公益林	145
社会全体固定資産投資	118	省級政府の裁量権	87
社会的監督システム	96	省級風景名所	182
社会的共通資本論	191	商業林の伐採量	158
社会的資源配分過程	3	営盤河ダム	186
社会的ダメージ救済費用	67	小流域の自然資源	191
社会的な資金	52	小流域の総合対策	170
社会的な政策要請	134	植生破壊	171, 172
従業員の森林管理	115	食糧配給	160
集権的な行財政システム	8	植林育林事業	151, 169

植林造林コスト‥‥‥‥‥‥ 169

所有権と利用権の争い‥‥‥‥ 188

指令型行財政体制‥‥‥‥‥‥ 8

指令型事務配分システム‥‥ 86, 88

指令型の計画経済体制‥‥‥‥‥ 3

人員配置の傾向値‥‥‥‥‥‥ 45

新街鉱区の開発計画‥‥‥‥‥ 190

新規汚染源‥‥‥‥‥‥‥‥‥ 43

人工河‥‥‥‥‥‥‥‥‥‥‥ 182

人口の増大‥‥‥‥‥‥‥‥‥ 172

人工林面積‥‥‥‥‥‥‥‥‥ 159

人事権‥‥‥‥‥‥‥‥‥ 12. 13

新農村建設事業‥‥‥‥‥‥‥ 174

神野の定義‥‥‥‥‥‥‥‥‥ 32

人民公社‥‥‥‥‥‥‥‥‥‥ 179

森林育成政策‥‥‥‥‥‥‥‥ 112

森林育林管理補助金制度‥‥‥ 109. 110

森林がもつ公益的機能‥‥‥‥ 104

森林管理の基礎団体‥‥‥‥‥ 114

森林管理費補助対象‥‥‥‥‥ 122

森林企業‥‥‥‥‥‥‥‥‥‥ 115

　　——の従業員‥‥‥‥‥‥ 115

森林経営の収益‥‥‥‥‥‥‥ 106

森林経営のリスク‥‥‥‥‥‥ 105

森林工業固定資産投資‥‥‥‥ 120

森林公共財‥‥‥‥‥‥‥‥‥ 107

　　——の非排他性‥‥‥‥‥ 107

森林工業投資の比重‥‥‥‥‥ 120

森林工業の経営資金‥‥‥‥‥ 152

森林財政の機能転換‥‥‥‥‥ 105

森林財政の政府間事務分担関係‥‥ 112

森林資源‥‥‥‥‥‥‥‥‥‥ 127

——蓄積量‥‥‥‥‥‥‥‥‥ 157

——保険制度‥‥‥‥‥‥‥‥ 106

——保全‥‥‥‥‥‥‥‥‥‥ 113

森林種類別の造林面積‥‥‥‥ 140

森林所有者‥‥‥‥‥‥‥‥‥ 129

森林生態便益の無償使用‥‥‥ 124

森林生態便益補償制度‥‥‥‥ 110

森林生態便益補償に関する規定‥‥ 142

森林生態便益補助基金‥‥‥‥ 114

森林の多面的な生態機能‥‥‥ 105

森林伐採禁止政策‥‥‥‥‥‥ 158

森林伐採事業‥‥‥‥‥‥‥‥ 131

森林被覆率‥‥‥‥‥‥‥‥‥ 127

　　——の改善‥‥‥‥‥‥‥ 157

森林法‥‥‥‥‥‥‥‥‥‥‥ 129

　　——の実施‥‥‥‥‥‥‥ 146

森林防火補助金‥‥‥‥‥‥‥ 113

森林保険制度‥‥‥‥‥‥‥‥ 109

森林保険補助金制度‥‥‥‥‥ 106

森林面積の減少‥‥‥‥‥‥‥ 157

水域面積‥‥‥‥‥‥‥‥‥‥ 183

水源地保全事業‥‥‥‥‥‥‥ 170

水資源の重要性‥‥‥‥‥‥‥ 188

垂直的調整機能‥‥‥‥‥‥‥ 87

水土保持に関する条例‥‥‥‥ 127

水土流出面積‥‥‥‥‥‥‥‥ 169

水平的調整機能‥‥‥‥‥‥‥ 86

ストック公害対策費用‥‥‥‥ 67

生活ごみの最終処分場‥‥‥‥ 59

生計維持手段‥‥‥‥‥‥‥‥ 182

税財政システム‥‥‥‥‥‥‥ 87

税財政制度改革‥‥‥‥‥‥‥ 105

索　引　205

政策執行	112	生態的効果	107
——過程	4	生態補償メカニズム	179
——の積極性	93	制度改革のコスト	160
政策執行力	6	制度環境の変革	152
——の有効性	152	制度のダイナミックな変化	134
政策的な社会保障関連の支出補助金	114	税の還付金制度	135
政策的な妥協	80	政府間行財政関係	8
政策転換の傾向	154	政府間財政関係	135
政策のコントロール能力の向上	46	政府間資源配分	11
政策の指令	88	政府間事務指令	14
政策の優先順位	19	政府間の機能配分	135
政策の立案，管理，監督権限	90	政府間の財政移転	91, 135
政策誘導	137	政府間の事務分担ルール	116
政策立案・計画実行能力	96	政府間の指令伝達ルート	12
生産周期の長期化	108	政府機能	44, 104
生産第一主義	2	政府主導の保全政策	35
生産力の優先的発展論	7	政府組織別の予算制度	36
政治的交渉	88	政府組織予算の制度化	38
脆弱産業の育成	108	西部大開発事業	154
生息環境の破壊	185	西部地域の貧弱な自然環境	161
生態移民	170	生物多様性の危機	184
生態環境の改善	165	生物多様性の保全	156
生態環境保全	120	政府の過剰な介入	97
——関連事業	21	政府の公的管理	178
——事業	31	政府の産業政策計画	83
生態機能回復事業	119	政府の資源配分機能の失敗	132
生態系サービス	105	政府の役割	32
生態系への影響	184	政府部門間の交渉	91
生態公益林	130, 131	政府部門の経常支出項目	54
——の育林動機	145	政府部門の資本支出項目	54
——の森林所有者	142	政府部門の投資責任範囲	73
——補償制度	107	世界生息数	185

世界絶滅危惧種……………………… 180

石炭依存型のエネルギー構造……… 56

石炭埋蔵量…………………………… 189

積極的な投入活動…………………… 32

接合…………………………………… 12

セルフガバナンス…………………… 178

全国画一的な政策…………………… 85

全国環境保護重点都市……………… 93

全国生態環境重点事業……………… 27,

千湖の省……………………………… 177

漸次的改革路線……………………… 95

陝西省神木県………………………… 188

陝西省紅鹼淖………………………… 178

先導的な役割………………………… 120

先富論………………………………… 7

造林コスト…………………………… 149

造林事業………………………… 131,156

造林補助金制度………………… 109,110

属地の境界線………………………… 189

組織別の予決算状況………………… 38

組織予算規模の左右………………… 47

組織予算制度………………………… 19

組織予算の権限……………………… 49

組織予算の不透明性………………… 38

疎水工事……………………………… 182

た行

第 1 期のプロジェクト……………… 175

大規模なインフラ整備……………… 161

大規模な埋立………………………… 177

大規模な河川の上流流域…………… 154

大規模な地下水の採取……………… 186

退耕還林事業………………… 27,133,160

第 5 次全国森林資源調査…………… 157

対策水準の不十分さ………………… 62

第 11 次環境保護五ヵ年計画 ……… 37

第 10 次環境保護五ヵ年計画 ……… 37

第 12 次全国森林発展計画 ………… 138

第 7 次森林資源調査………………… 128

第 8 次全国森林資源調査…………… 157

第 4 次全国荒漠化砂漠化土地調査… 174

ダメージ救済費用…………………… 67

多様な社会主体……………………… 120

多様な生態的機能…………………… 128

誰汚染誰治理………………………… 72

炭鉱開発……………………… 183,190

地域間財政力………………………… 136

地域間の対立………………………… 179

地域間の利益調整機能……………… 179

地域共同資源………………………… 191

地域経済発展………………………… 165

地域固有の自然資源………………… 191

地域産業の育成……………………… 174

地域住民の生態環境保全へのニーズ… 174

地域内の自然資源…………………… 173

地域の公益性の視点………………… 125

地域の自然資源の利用……………… 179

地下水位の低下……………………… 186

地下水の補給機能…………………… 186

地下水脈の破壊……………………… 190

地球環境問題………………………… 31

地表水………………………………… 186

　——の遮断………………………… 187

地方環境行財政の政策執行力……… 85

索　引　207

地方環境行政⋯⋯⋯⋯⋯ 13, 14, 15, 46	中央の政策コントロール能力⋯⋯⋯ 91
——経費の一般財源化⋯⋯⋯ 88	中央の林業行政⋯⋯⋯⋯⋯⋯ 112
——の人事権⋯⋯⋯⋯⋯ 49	中国環境行政⋯⋯⋯⋯⋯⋯ 5, 31
——の能力建設⋯⋯⋯⋯⋯ 47	中国固有の環境問題⋯⋯⋯⋯⋯ 58
地方環境保護局の機能⋯⋯⋯⋯⋯ 102	中国最初の PPP の適用形式 ⋯⋯⋯ 70
地方公益林⋯⋯⋯⋯⋯⋯⋯⋯ 139	中国森林財政⋯⋯⋯⋯⋯⋯⋯ 104
地方財政⋯⋯⋯⋯⋯⋯⋯⋯ 14	中国森林法実施条例⋯⋯⋯⋯ 128, 139
——の数値⋯⋯⋯⋯⋯⋯ 164	中国的な PPP（中国の PPP）⋯⋯ 66, 74
——の取り分⋯⋯⋯ 144	中国独自の形式⋯⋯⋯⋯⋯⋯ 74
地方森林財政⋯⋯⋯⋯⋯⋯⋯ 112	中国特有の経済制度⋯⋯⋯⋯⋯ 69
地方生態公益林⋯⋯⋯⋯⋯⋯ 131	中国特有の費用負担原則⋯⋯⋯⋯ 76
地方政府⋯⋯⋯⋯⋯ 11, 12, 13, 85	中国の実情⋯⋯⋯⋯⋯⋯⋯ 72
——責任制度⋯⋯⋯⋯⋯ 164	中国の地域社会⋯⋯⋯⋯⋯⋯ 178
——の経済発展ノルマ⋯ 132	長期的な建設事業⋯⋯⋯⋯⋯ 165
——の裁量権⋯⋯⋯⋯ 49	長期の生産周期⋯⋯⋯⋯⋯⋯ 106
地方の自主性や独自性⋯⋯⋯ 85	直接的な汚染排出行為者⋯⋯⋯⋯ 66
地方の政策執行⋯⋯⋯⋯⋯ 44	定量的審査制度⋯⋯⋯⋯⋯⋯ 58
地方の生態公益林の割合⋯⋯⋯⋯ 146	出稼ぎ収入の増加⋯⋯⋯⋯⋯ 174
地方の独自の政策⋯⋯⋯⋯⋯ 102	伝統文化の保全事業⋯⋯⋯⋯⋯ 31
地方の木材生産への動機づけ⋯⋯ 147	天然林資源保護事業⋯⋯⋯ 27, 133
地方保護主義⋯⋯⋯⋯⋯⋯⋯ 8	天然林の伐採⋯⋯⋯⋯⋯⋯ 140
地方自らの調整能力⋯⋯⋯⋯⋯ 190	天然林伐採量⋯⋯⋯⋯⋯⋯ 158
中央環境行政⋯⋯⋯⋯⋯⋯⋯ 46	天然林保全事業⋯⋯⋯⋯⋯⋯ 157
中央環境保護特定資金項目⋯⋯⋯ 79	天然林面積の増加⋯⋯⋯⋯⋯ 157
中央財政⋯⋯⋯⋯⋯⋯⋯⋯ 113	統合⋯⋯⋯⋯⋯⋯ 15, 16, 19
——による政府間財政移転⋯⋯ 161	投資主体の多元化⋯⋯⋯ 24, 25, 62
——の投資率⋯⋯⋯⋯⋯ 168	同時多発的な環境問題⋯⋯⋯⋯⋯ 41
——の特定資金移転⋯⋯⋯ 168	道路ダム建設⋯⋯⋯⋯⋯⋯ 183
——の役割⋯⋯⋯⋯⋯⋯ 162	独自の生態系⋯⋯⋯⋯⋯⋯ 180
——の林業基本建設項目⋯⋯ 113	特殊用途林⋯⋯⋯⋯⋯⋯ 136, 139
中央森林財政⋯⋯⋯⋯⋯⋯⋯ 112	特定財政資金移転⋯⋯⋯⋯⋯ 135
中央政府の計画⋯⋯⋯⋯⋯⋯ 87	特定の公共的目的⋯⋯⋯⋯⋯ 129

特定補助金制度……………… 113
特別な法的措置……………… 191
都市ガス燃料の供給ライン………… 58
都市環境インフラ事業…………… 22
都市建設統計………………… 20
都市住宅の公有制から私有制への改革… 58
都市部……………………… 22
都市への産業集積……………… 57
土壌流出…………………… 165
土地の公有制………………… 190
土地の砂漠化………………… 171
取締権限…………………… 23
取締能力…………………… 96

な行

内発的発展…………………… 173
内部化理論…………………… 65
7つの支流…………………… 186
日本のPPP ………………… 66
日本の保安林制度……………… 129
日本の林業補助金制度…………… 107
人間の生存基盤………………… 131
認定基準…………………… 144
寧波市の管理能力の実態………… 95
年金医療保険制度への加入金……… 115
農家の森林経営収益…………… 109
農耕技術…………………… 171
農耕中心の暮らし……………… 188
農村農業税の撤廃……………… 174
農村部……………………… 22
　　──の郷鎮企業……………… 81
農地（草原）森林隔離帯………… 170

濃度規制…………………… 80
農牧交錯文化の象徴地域………… 182
農民の経済収益………………… 165
農民の取り分………………… 144
能力建設費…………………… 92

は行

排汚費……………… 14, 47, 78
　　──制度の価格機能…………… 80
排出課徴金制度………………… 70
派出所的機構………………… 46
伐採制限………………… 130, 144
半恒久的な措置………………… 47
PPPの適用過程 ……………… 70
費用分担構造………………… 55
貧困人口…………………… 171
貧困地域…………………… 168
貧困な山村地域の農民…………… 124
貧困への逆戻り現象…………… 160
風砂源……………………… 171
風砂浸食…………………… 171
風砂の浸食防止………………… 166
風砂被害…………………… 165
複合型植生修復群落…………… 174
不公平な適用方式……………… 82
不動産開発…………………… 177
部門間の指令伝達ルート………… 12
部門利益…………………… 93
文化的効果…………………… 107
分税制改革…………………… 87
北京天津風砂源対策………… 27, 133
北京や天津…………………… 170

索　引　209

辺境森林の防火隔離帯建設補助金··· 114
保安林整備事業費補助金············· 129
保安林損失補償事業補助金··········· 129
防護林···························· 136
　　——建設事業··················· 156
　　——と特殊用途林の建設枠······· 137
　　——の割合····················· 166
防除費用·························· 67
放牧禁止による畜舎経営··········· 170
補完機能··············· 2, 3, 103, 104
　　——の不在····················· 3
補償基準··················· 143, 144
補助金制度の構築················· 106
紅碱淖·························· 190
　　——の観光開発················· 189
　　——の水位低下················· 185
　　——の水源供給················· 186
　　——の悲劇····················· 191

ま行

マイナス的な投入活動············· 32
慢性的な財源不足················· 91
ミクロ政策の調整機能············· 191
湖周辺の道路建設················· 187
湖の所有権······················ 188
湖の生態環境の破壊··············· 190
湖の面積························ 177
民間事業への補助金政策··········· 35
民間の環境 NGO ················· 35
民生財政·················· 103, 120
民生・福祉サービス··············· 107
民族間の衝突···················· 188

毛烏素砂漠······················ 180
無形文化遺産保護の関連政策······· 35
村や生産隊組織··················· 115
木材生産························ 130
　　——方式····················· 120
木材輸入の増加··················· 158
モニタリング能力················· 96
モニタリングの分析結果··········· 158
モンゴル族······················ 188

や行

野生動植物保全事業··········· 27, 133
闇の取引の温床··················· 47
有限な資源······················ 134
融資およびその他資金············· 78
遊牧生活························ 188
予期された環境効果··············· 61
予算外資金の透明化··············· 38
予算権····················· 12, 13
予算権限························ 13
予算執行過程···················· 23
予算執行システム················· 16
予算執行の説明責任··············· 40
予算制度························ 16
予算内基本建設資金··············· 77
予算内更新改造資金··············· 77
予算の基準······················ 95
予算編成プロセス················· 16
弱い行政的地位··················· 49

ら行

利益調整手段···················· 180

利益の調整ルール……………………… 180

量的成長……………………………… 7, 144

林業インフラ整備…………………… 109

林業科学技術の普及………………… 113

林業基本建設項目の融資…………… 115

林業固定資産投資…………………… 118

林業産業発展……………………… 119, 121

林業重点プロジェクト……………… 120

林業生産災害救済資金……………… 114

林業統計……………………………… 20

林業農家……………………………… 114

　――の生産コスト………………… 109

林業補助金制度……………………… 121

林業有害生物防除補助金…………… 114

林権抵当融資サービス……………… 118

林木優良種補助金制度……………… 109

歴史的な負の遺産…………………… 56

■著者紹介

金　紅実（きん　こうじつ）
　　1967年　中国に生まれる
　　2010年　京都大学大学院経済学研究科　博士後期課程単位取得退学
　　　　　　博士（経済学）
　　2011年　龍谷大学政策学部　専任講師
　　2014年　龍谷大学政策学部　准教授，現在に至る
　　専門領域　環境経済学，アジアの環境政策
　　主な著作
　　　　『中国の環境政策』（共著，森晶寿・植田和弘・山本裕美編，京都
　　　　　大学学術出版会，2008年）
　　　　『東アジアの経済発展と環境政策』（共著，森晶寿編，ミネルヴァ
　　　　　書房，2009年）
　　　　『中国の環境法政策とガバナンス——執行の現状と課題』（共著，
　　　　　北川秀樹編，晃洋書房，2012年）
　　　　『中日乾燥地域開発と環境保護』（共編著，郭俊栄・北川秀樹・村
　　　　　松弘一・金紅実編，西北農林科技大学出版社，2012年）
　　　　『中国乾燥地の環境と開発——自然，生業と環境保全』（共著，北
　　　　　川秀樹編，西文堂，2015年）

中国の環境行財政——社会主義市場経済における環境経済学
2016年2月29日　初版第1刷発行

　　　　　　　　　　　　　　　　著　者　金　　紅　実

　　　　　　　　　　　　　　　　発行者　杉　田　啓　三

　　　　　〒606-8224　京都市左京区北白川京大農学部前
　　　　　　　　　　発行所　株式会社 昭和堂
　　　　　　　　　　　　　　振替口座　01060-5-9347
　　　　　　　　TEL（075）706-8818／FAX（075）706-8878
　　　　　　　　ホームページ　http://www.showado-kyoto.jp

© 金紅実 2016　　　　　　　　　　　　　　　　印刷　モリモト印刷
　　　　　　　　　ISBN978-4-8122-1530-2
　　　　　　　＊乱丁・落丁本はお取り替えいたします。
　　　　　　　　　　Printed in Japan

　　　┌─────────────────────────┐
　　　│本書のコピー、スキャン、デジタル化等の無断複製は著作権上での例外を│
　　　│除き禁じられています。本書を代行業者等の第三者に依頼してスキャンやデ│
　　　│ジタル化することは、たとえ個人や家庭内での利用でも著作権法違反です。│
　　　└─────────────────────────┘

―――――― 昭和堂関連書 ――――――

大森恵子著
グリーン融資の経済学
――消費者向け省エネ機器・設備支援策の効果分析　本体 4500 円＋税

知足章宏著
中国環境汚染の政治経済学　本体 2200 円＋税

李秀澈編
東アジアのエネルギー・環境政策
――原子力発電／地球温暖化／大気・水質保全　本体 6000 円＋税

馬奈木俊介・地球環境戦略研究機関編
グリーン成長の経済学
――持続可能社会の新しい経済指標　本体 4200 円＋税

遠藤崇浩著
カリフォルニア水銀行の挑戦
――水危機への〈市場の活用〉と〈政府の役割〉　本体 2200 円＋税

吉田謙太郎著
生物多様性と生態系サービスの経済学　本体 2400 円＋税

森　晶寿編
東アジアの環境政策　本体 2400 円＋税

馬奈木俊介編
資源と環境の経済学――ケーススタディで学ぶ　本体 2500 円＋税

馬奈木俊介・豊澄智己著
環境ビジネスと政策――ケーススタディで学ぶ環境経営　本体 2200 円＋税

馬奈木俊介・地球環境戦略研究機関編
生物多様性の経済学――経済評価と制度分析　本体 4200 円＋税

宮永健太郎著
環境ガバナンスとNPO
――持続可能な地域社会へのパートナーシップ　本体 5000 円＋税

植田和弘・山川肇編
拡大生産者責任の環境経済学
――循環型社会形成にむけて　本体 4800 円＋税

李秀澈編
東アジアの環境賦課金制度――制度進化の条件と課題　本体 6200 円＋税